EINFÜHRUNG IN DIE
PHYSIKALISCHE CHEMIE

FÜR BIOCHEMIKER, MEDIZINER, PHARMAZEUTEN UND NATURWISSENSCHAFTLER

VON

DR. WALTHER DIETRICH

ZWEITE
VERBESSERTE AUFLAGE

MIT 6 ABBILDUNGEN

BERLIN
VERLAG VON JULIUS SPRINGER
1923

ISBN-13: 978-3-642-89623-1   e-ISBN-13: 978-3-642-91480-5
DOI: 10.1007/978-3-642-91480-5

Vorwort zur ersten Auflage.

Eine Einführung in die physikalische Chemie des Biochemikers der Öffentlichkeit zu übergeben, mag als ein überflüssiges Unternehmen erscheinen, da einige umfangreiche Lehrbücher und Nachschlagewerke vorhanden sind, die die Materie ausführlich behandeln. Mit einem solchen Werke soll und kann auch dieses kleine Buch nicht in Wettbewerb treten.

Es ist aus dem Bedürfnis entstanden, den Studierenden, denen meist nicht die Zeit zum Studium eines ausführlicheren Werkes dieser Art zur Verfügung steht, eine Orientierung in den wichtigsten Fragen des durch den Titel dieses Buches gekennzeichneten Gebietes zu ermöglichen und sie eventuell zu ausführlicheren Studien anzuregen.

Für jeden, dessen praktische oder wissenschaftliche Betätigung in Verbindung mit der organischen Natur und den Lebensvorgängen steht, sei er Botaniker oder Mediziner, Landwirt oder Angehöriger landwirtschaftlich-technischer Gewerbe, und auch für den Lehrer naturwissenschaftlicher Fächer an höheren Schulen, der seinen Schülern einen Einblick in die physikalische Chemie der Lebensvorgänge geben will, ist eine Einführung in physikalisch-chemische Probleme notwendig. Ohne ein Verständnis der Begriffe dieses Gebietes ist eine Verfolgung der periodischen Zeitschriftenliteratur nicht mehr möglich, die allein auch den Praktiker, der schon jahrelang die Hochschule verlassen hat, auf dem laufenden erhält.

Auch jeder Gebildete, der sich für Biochemie interessiert, findet hier ein bequemes Orientierungsmittel.

Den erwähnten Bedürfnissen entsprechend ist die Darstellungsweise gewählt. Es sind möglichst wenig Voraussetzungen in bezug auf die Vorkenntnisse des Lesenden gemacht, und es ist auch jede mathematische Behandlung des Themas so weit wie möglich ausgeschaltet worden. Es hat dies teilweise zu einer Schematisierung geführt, die in einem rein wissenschaftlichen Werk nicht erlaubt wäre, aber hier in Anbetracht des Zweckes und der dazu erforderlichen Einfachheit der Darstellung angängig erschien.

So möge das kleine Büchlein dem Lernenden als Hilfsmittel dienen und ihn zu weiterem Arbeiten auf diesem interessanten Gebiet anregen.

Zum Schluß ist es mir ein Bedürfnis, meinem verehrten Lehrer, Herrn Prof. Dr. Wilh. Windisch, für die Anregung zur Abfassung dieses Büchleins meinen Dank auszusprechen.

Berlin-Wilmersdorf, Ende 1920.

Der Verfasser.

Vorwort zur zweiten Auflage.

Der schnelle Absatz der ersten Auflage hat gezeigt, daß in der Tat in den Kreisen, für die dieses kleine Werk geschrieben worden ist, ein Bedürfnis nach einer kurzen Einführung in die physikalische Chemie vorgelegen hat.

Es ist in der neuen Auflage an der gesamten Anordnung des Stoffes nichts geändert, auch sind keine wesentlichen Erweiterungen vorgenommen worden, da das dem Zweck des Buches nicht entsprechen würde.

Immerhin hat das Kapitel über das Massenwirkungsgesetz und über die Kolloide einige Ergänzungen erfahren.

Berlin-Friedenau, Ende 1922.

Der Verfasser.

Inhaltsverzeichnis.

Quellenangabe.

Bechhold, H., Die Kolloide in Biologie und Medizin. — Daneel, H., Elektrochemie. — Freundlich, H., Kapillarchemie. — Glaser, Indikatoren der Alkalimetrie und Azidimetrie. — Höber, R., Physikalische Chemie der Zelle und der Gewebe. — Michaelis, L., Die Wasserstoffionenkonzentration. — Michaelis, L., Dynamik der Grenzflächen. — Nernst, W., Theoretische Chemie. — Ostwald, Wo., Die Welt der vernachlässigten Dimensionen. — Ostwald, Wo., Grundriß der Kolloidchemie. — Sörensen, S. P. L., Enzymstudien. — Strasburger, Botanik. — Traube, J., Physikalische Chemie. — Warburg, E., Experimentalphysik. — Weimarn, P. P. von, Grundzüge der Dispersoidchemie. — Zsigmondy, R., Kolloidchemie.

I. Aufnahme und Bewegung von Stoffen im Pflanzenorganismus auf Grund osmotischer Vorgänge.

Wenn der Dampf aus einem Dampfkessel in einer Rohrleitung zur Dampfmaschine geleitet wird, die in Tätigkeit ist, so stellt man vom Kessel zur Maschine in der Leitung einen Druckabfall fest. Sobald die Maschine steht, der Dampf also nicht mehr strömt, ist der Druck theoretisch in der Rohrleitung an allen Stellen gleich. Wenn der Dampf in einem System sich bewegen soll, ist dazu ein Druckgefälle notwendig.

Die Elektrizität bewegt sich nur dann in einem Leiter, z. B. dem Metallfaden einer Glühbirne und bringt denselben zum Leuchten, wenn ein Potentialgefälle zwischen auseinanderliegenden Punkten der Leitung vorhanden ist.

Ein Körper gibt an seine Umgebung nur dann Wärme ab, ein Wärmefluß findet nur statt, wenn seine Temperatur höher ist als die seiner Umgebung, also zwischen ihm und der Umgebung ein Temperaturgefälle herrscht.

Aus den angeführten Beispielen ist ersichtlich, daß Bewegungserscheinungen nur auftreten, wenn ein Gefälle vorhanden ist. Die Bewegung hält so lange an, als das Gefälle erhalten bleibt. Verschwindet dieses, indem z. B. der Druck in einem Dampfkessel dem Druck der Außenatmosphäre gleich wird, oder ein warmer Körper allmählich die Temperatur seiner Umgebung annimmt, so hört die Bewegung auf.

Die innere Bewegung in Flüssigkeiten (Diffusion). Angenommen, man habe ein Becherglas mit destilliertem Wasser, so ist das letztere eine vollkommen gleichmäßige (homogene) Flüssigkeit. Wenn an verschiedenen Stellen der Flüssigkeitsmasse Stichproben vorgenommen würden, so würde das Ergebnis immer gleich ausfallen. Eine Bewegung in dem Wasser wird also nicht stattfinden — äußere Einflüsse wie Temperaturschwankungen usw. seien ausgeschaltet, — da ein Gefälle irgendwelcher Art in einer homogenen Flüssigkeit nicht vorhanden ist.

Wir nehmen jetzt aus dem Becherglas die eine Hälfte des Wassers heraus und lösen in der verbleibenden Hälfte eine beliebige, nicht zu große Menge von blauen Kupfersulfatkristallen, die die Flüssigkeit ebenfalls blau färben, und schichten dann vorsichtig die andere Hälfte des weggenommenen Wassers darüber, ohne daß eine Mischung der blauen Flüssigkeit mit dem destillierten Wasser eintritt.

Läßt man das Becherglas längere Zeit stehen, so sieht man, daß sich allmählich die ganze Flüssigkeit blau färbt, bis sie vollkommen homogen gefärbt ist.

Durch die Ausführungen der Einleitung wird diese Erscheinung erklärt.

Eine Vermischung der beiden Flüssigkeiten auf Grund spezifischer Gewichtsunterschiede, also auf Grund einer von außen wirkenden Kraft, nämlich der Anziehungskraft der Erde, also einer Kraft, die nicht innerhalb der Flüssigkeit selbst ihren Sitz hat, ist nicht möglich, da sich die spezifisch schwerere Flüssigkeit, nämlich die Kupfervitriollösung, unten im Glas befindet und das spezifisch leichtere Wasser oben. Die Vermischung ist also sogar entgegen der Wirkung der Schwerkraft eingetreten.

Die Bewegung der Kupfersulfatmoleküle durch die ganze Flüssigkeit muß also durch eine Kraft erfolgt sein, die im Innern der Flüssigkeit selbst ihren Sitz hat.

Wenn wir in der gesamten im Becherglas vorhandenen Flüssigkeitsmenge wieder, wie bei dem ersten Versuch, Stichproben machen würden, so könnten wir feststellen, daß die Proben nicht überall gleichmäßig ausfallen. Sie würden teilweise durch Kupfervitriol blau gefärbt sein, teilweise nicht. In der oberen Flüssigkeitsschicht befinden sich keine Kupfersulfatmoleküle, in der unteren alle. Es besteht also in der Flüssigkeit ein Gefälle in bezug auf die Kupfersulfatmoleküle von unten nach oben. Ein zweites Gefälle besteht für die Wassermoleküle von oben nach unten; denn in dem oberen destillierten Wasser sind in der Volumeinheit mehr Wassermoleküle als unten in der Vitriollösung, wo die Wassermoleküle teilweise durch Vitriolmoleküle ersetzt sind. Diese Gefälle müssen nach den vorhergehenden Ausführungen zu einer Bewegung innerhalb der Flüssigkeit führen, die solange andauern wird, bis kein Gefälle, hier ein Konzentrationsgefälle der Vitriolmoleküle und Wassermoleküle, mehr vorhanden ist, bis also eine Stichprobe in der Flüssigkeit ergeben würde, daß in jeder Volumeinheit eine gleiche Zahl Wassermoleküle und eine gleiche Zahl Kupfersulfatmoleküle vorhanden wäre.

Eine Bewegung innerhalb einer Flüssigkeit wird also nur stattfinden, wenn ein Konzentrationsgefälle vorhanden ist. Diesen Vorgang der Mischung zweier Körper unabhängig von äußeren Kräften nennt man Diffusion.

Für die Verteilung der Kupfersulfatmoleküle und Wassermoleküle durch die Flüssigkeit sind zwei Wege möglich, entweder die Kupfersulfatmoleküle verlassen die untere Flüssigkeitsschicht und dringen in das übergeschichtete destillierte Wasser ein und konzentrieren dieses in bezug auf die Vitriolmoleküle, oder die übergeschichteten Wassermoleküle dringen in die Kupfervitriollösung ein und verdünnen diese. Der Schlußeffekt beider Vorgänge wird immer derselbe sein: Eine homogene Flüssigkeit.

Die Wirklichkeit bedient sich beider Wege; es findet sowohl ein Einwandern der Vitriolmoleküle in das Wasser statt, als auch ein Einströmen des Wassers in die Vitriollösung. Die Geschwindigkeit beider Prozesse braucht nicht gleich groß zu sein. In der Flüssigkeit gehen also zwei Diffussionsströme in entgegengesetzten Richtungen vor sich, bis kein Konzentrationsgefälle mehr vorhanden ist.

Die permeable Membran (durchlässige Membran). Angenommen, man schaltet zwischen der Grenzschicht der Kupfervitriollösung und des destillierten Wassers ein weitmaschiges Drahtnetz ein, so wird dieses die Diffusion der beiden Flüssigkeiten nicht verhindern. Der Ausgleich des Konzentrationsgefälles wird durch die großen Maschen des Netzes ungehindert vor sich gehen. Die Netzmaschen mögen nun immer kleiner und kleiner werden und allmählich so klein, daß die Struktur derselben mit bloßem Auge nicht mehr sichtbar ist. Ihre Größe soll aber immer noch größer sein als die der Wasser- bzw. Kupfervitriolmoleküle, von denen wir uns die letzteren größer als die ersteren vorstellen wollen. Ein derartig engmaschiges Netzwerk, dessen Maschen noch von einer etwas höheren Größenordnung sind als die Kupfersulfatmoleküle, stellt für ein Konzentrationsgefälle Kupfersulfat: Wasser eine permeable Membran dar. Die Definition der absolut permeablen Membran wäre die, daß die Porengröße für die Flüssigkeiten, für die die Membran permeabel ist, so groß sein muß, daß die beiden nach obigen Ausführungen in entgegengesetzter Richtung stattfindenden Diffusionsströme ungehindert verlaufen können, bzw. daß das Verhältnis ihrer Geschwindigkeiten gegenüber der freien Diffusion ohne Membran nicht verändert wird. Die Diffusionsgeschwindigkeit ist natürlich ohne Membran bei der freien Diffusion größer als mit derselben.

Aus den Ausführungen geht hervor, daß man immer nur sagen kann, eine Membran ist für die und die Stoffe **permeabel** (durchlässig), für andere, deren Molekül größer ist, kann sie schon **impermeabel** (undurchlässig) sein.

Es sprechen für die Permeabilität einer Membran außer der Molekulargröße der diffundierenden Stoffe auch noch andere Eigenschaften mit, auf die wir aber an dieser Stelle, um die Klarheit der Anschauungen nicht zu verwirren, nicht näher eingehen wollen.

Die semipermeable Membran (halbdurchlässige Membran). Angenommen, die Porengröße unserer Membran verkleinere sich weiter, so wird eine Stelle kommen, wo nur die kleineren Wassermoleküle noch ungehindert die Poren passieren können, während die größeren Kupfersulfatmoleküle schon Schwierigkeiten haben. Sie werden sozusagen Mühe haben, sich wegen ihrer Größe durch die Porenlöcher hindurchzudrücken. Die Folge wird sein, daß der Diffusionsstrom der Kupfersulfatmoleküle zum Wasser verlangsamt wird. Das Verhältnis der Diffusionsgeschwindigkeiten der beiden Diffusionsströme wird gegenüber der freien Diffusion und der Diffusion durch die permeable Membran verschoben. Die Membran mit den eben angeführten Eigenschaften wäre ein Übergangsfall von der typischen permeablen Membran zu der semipermeablen Membran.

Die typische semipermeable Membran würde sich für das System Kupfersulfat: Wasser ergeben, wenn die Porengröße so wäre, daß nur noch die kleinen Wassermoleküle diffundieren können, aber nicht mehr die des Kupfersulfats. **Es wird also bei einer semipermeablen Membran der Diffusionsstrom nur noch nach einer Richtung verlaufen.** Die freie Diffusion ist also gehindert. Diese gehinderte Diffusion nennt man Osmose.

Der osmotische Druck. Denken wir uns jetzt die Versuchsanordnung zwischen der Kupfervitriollösung und dem Wasser etwas anders getroffen, und zwar so wie sie die Abbildung 1 zeigt. In das mit Wasser gefüllte Becherglas tauche eine Flasche mit abgesprengtem Boden, an dessen Stelle eine semipermeable Membran flüssigkeitsdicht angebracht ist. Die Flasche werde bis zum Halse mit der bekannten Kupfervitriollösung gefüllt, so daß die Flüssigkeit bis an die Mündung des kapillaren Steigrohres reicht, und dann soweit in das Wasser eingetaucht, daß das Flüssigkeitsniveau zwischen dem Wasser außen und der Kupfervitriollösung innen gleich ist.

Es wird ein allmähliches Ansteigen der Flüssigkeit in dem kapillaren Steigrohr zu beobachten sein, und zwar bis zu einem gewissen Maximum, von dem ab ein Stillstand erfolgt.

Suchen wir uns diese Erscheinung auf Grund unserer bisher gesammelten Erfahrungen zu erklären.

Es besteht genau wie bei der Anordnung im Becherglas ein Konzentrationsgefälle zwischen der Kupfervitriollösung und dem Wasser für die Kupfersulfatmoleküle und in umgekehrter Richtung zwischen dem Wasser und der Kupfervitriollösung für die Wassermoleküle. Der Ausgleich dieses Gefälles kann, da die beiden Flüssigkeiten durch eine semipermeable Membran voneinander getrennt sind, nur in einer Richtung stattfinden und zwar dadurch, daß Wassermoleküle in die Kupfersulfatlösung eindringen und diese verdünnen. Da keine Vitriolmoleküle in das äußere Wasser durch die semipermeable Membran eintreten können, so kann der Konzentrationsausgleich nie vollkommen stattfinden; denn im Innern des Gefäßes werden sich bei noch so starker Verdünnung Vitriolmoleküle befinden. Der Wasserstrom von außen nach innen könnte also nicht zum Stillstand kommen. Das würde in der Tat so sein, wenn das Flüssigkeitsniveau außen und innen stets gleich bliebe. Bei unserer Versuchsanordnung ist das nicht der Fall. Das Wasser bzw. die immer verdünnter werdende Kupfervitriollösung steigt in der Kapillare in die Höhe, und somit steigt der hydrostatische Druck — der Druck, den eine Flüssigkeitssäule auf ihre Unterlage ausübt und der allein abhängig ist von der Höhe der Säule — im Innern der Kupfersulfatlösung. Während somit infolge

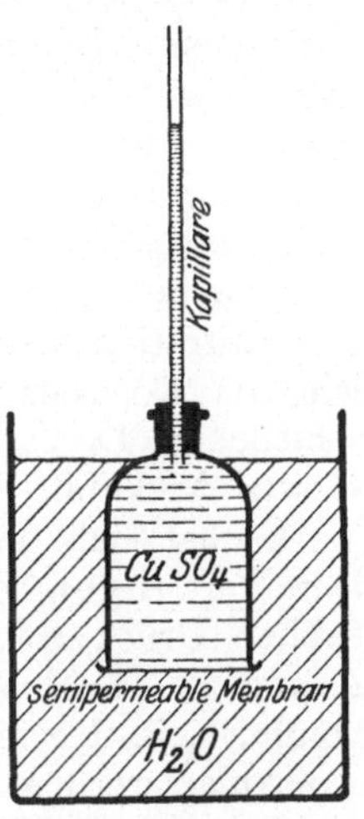

Abb. 1. Osmometer.

des Konzentrationsgefälles Wasser zum Kupfersulfat zu dringen sucht, wird der immer mehr steigende hydrostatische Innendruck Wasser in der entgegengesetzten Richtung von innen nach außen zu drücken versuchen. Das Ansteigen der Flüssigkeit in der Kapillare wird also so lange dauern, bis der Druck, mit dem die Wassermoleküle von außen durch die Membran in die Kupfersulfatlösung gedrückt werden, gleich ist dem hydrostatischen Gegendruck, mit dem sie von innen wieder nach außen gepreßt werden. Den Druck, der die Wassermoleküle in die Kupfersulfatlösung hineinzupressen sucht, der also nach unseren vorhergehenden Ausführungen auftritt, wenn Konzentrationsunterschiede in Flüssigkeiten, die durch eine semipermeable Membran voneinander getrennt sind, vorhanden sind, und der diese Unterschiede auszugleichen sucht, nennt man osmotischen Druck. Da der letztere, wenn sich das definitive Gleichgewicht in der obigen Versuchsanordnung eingestellt hat, gleich ist dem hydrostatischen Druck und man imstande ist, diesen leicht zu messen, so ist damit auch der osmotische Druck bestimmt. Der hydrostatische Druck bei unserem Versuch ist proportional der Höhe der kapillaren Flüssigkeitssäule. Da eine Wassersäule von 10,33 m den Druck von einer Atmosphäre ausübt, gibt die Höhe der Säule direkt den osmotischen Druck in Atmosphären an. Bei größeren osmotischen Drucken benutzt man keine Wassersäule, sondern eine Quecksilbersäule zur Messung.

Das Gesetz von van 't Hoff. Die Größe des osmotischen Drucks einer Lösung hängt von zwei Faktoren, nämlich der Konzentration und der Temperatur ab. Für unsere Betrachtungen brauchen wir uns nur mit ersterer Abhängigkeit vertraut zu machen. Der osmotische Druck steigt mit der Konzentration der Lösung.

Eine wichtige Frage ist die, ob zwei Lösungen von gleicher Konzentration, aber von verschiedenen chemischen Körpern, sagen wir von Kochsalz und Kupfervitriol, denselben oder einen verschiedenen Druck ausüben. Darüber gibt das van 't Hoffsche Gesetz Auskunft.

Es hat sich nachweisen lassen, daß sogenannte isomolekulare Lösungen bei gleicher Temperatur den gleichen osmotischen Druck ausüben. Es heißen die Lösungen zweier Stoffe A und B isomolekular, wenn sie in dem gleichen Flüssigkeitsvolum, z. B. 1 ccm, gleichviel Moleküle gelöst enthalten. Isomolekular werden also z. B. Lösungen von Kochsalz ($NaCl$) und Kupfersulfat ($CuSO_4$) sein, die in einem Liter ein Molekulargewicht Kochsalz, also 58,5 g und in einem zweiten Liter ein Molekulargewicht Kupfervitriol, also 159,6 g aufgelöst enthalten.

Alle Lösungen, die in einem Liter ein Gramm Molekulargewicht gelöst haben, zeigen den gleichen osmotischen Druck von 22,4 Atm. (Wir werden später sehen, daß diese Behauptung nur mit Einschränkungen Gültigkeit hat.)

Isomolekulare Lösungen sind allgemein solche Lösungen, die in der Volumeinheit Gewichtsmengen der betreffenden Stoffe im Verhältnis ihrer Molekulargewichte gelöst enthalten.

Es spielt also für die Größe des osmotischen Druckes die Art der in der Volumeinheit gelösten Moleküle keine Rolle, sondern nur die Zahl.

Osmotischer Partialdruck. Kehren wir noch einmal zu dem Versuch der Abb. 1 zurück und nehmen wir an, die Steighöhe in der Kapillare habe 10,33 m ausgemacht und damit der osmotische Druck der betreffenden Kupfersulfatlösung 1 Atm. betragen. Wir nehmen jetzt von der Kupfersulfatlösung die Hälfte heraus und füllen mit Wasser wieder bis zum Anfang des kapillaren Steigrohres auf. Die Konzentration der Vitriollösung ist hierdurch auf die Hälfte gesunken und damit auch die Zahl der Kupfersulfatmoleküle halbiert worden. Nach dem oben angeführten van 't Hoffschen Gesetz fällt auch der osmotische Druck der Lösung auf die Hälfte. Das Wasser würde in der Kapillare nur um rund 5 m steigen, und der Druck 0,5 Atm. betragen. Wir öffnen jetzt das Gefäß wieder und geben nun eine der in dieser Lösung vorhandenen Kupfersulfatmenge äquivalente Zuckermenge zu, d. h. die Zahl der der Lösung hinzugefügten Zuckermoleküle ist ebenso groß als die Zahl der schon vorhandenen Vitriolmoleküle. Nach dem Schließen des Apparates steigt das Wasser in der Kapillare wieder auf 10 m Höhe, was einem Druck von 1 Atm. entspricht. (Es ergibt sich tatsächlich ein etwas anderer Druck aus Gründen, auf die in einem der folgenden Kapitel zurückgekommen wird.)

Die Erklärung für den Versuchsverlauf geht aus dem van 't Hoffschen Gesetz hervor. Nach der Zugabe des Zuckers zu der Lösung ist die Zahl der Moleküle in derselben wieder dieselbe wie in der Vitriollösung des Versuches 1. Infolgedessen ist der osmotische Druck der Lösung auch ebenso groß. Er ist nur nicht auf eine einheitliche Molekülart zurückzuführen, sondern setzt sich aus zwei Partialdrucken (Teildrucken), nämlich dem der in der Lösung vorhandenen Vitriolmoleküle und dem der Zuckermoleküle zusammen. Eine jede Molekülart übt, wie der vorgenommene Versuch ergibt, einen Teildruck von 0,5 Atm. aus, wirkt also so, als ob sie allein in der Lösung vorhanden wäre. Die Partialdrucke addieren sich zu dem gesamten osmotischen Druck der Lösung, wie er mit dem Osmometer gemessen wird. Dieses Gesetz gilt für die kompliziertest zusammengesetzten Lösungen.

Einfache künstliche Zelle aus einer semipermeablen elastischen Membran. Der Versuch der Abb. 1 soll jetzt in etwas anderer Anordnung wiederholt werden. Wir bedienen uns einer semipermeablen Membran, die, wenn sie mit irgendeiner Flüssigkeit gefüllt ist, Kugelgestalt hat, und die gegen die Außenwelt fest abzuschließen ist. Sie hat etwa die Form eines Kugelballons. Eine solche Membranblase füllen wir ungefähr zu $^3/_4$ des Inhaltes mit der bekannten Kupfervitriollösung und hängen sie, nachdem sie flüssigkeitsdicht verschlossen ist, in Wasser. Die Membran wird zunächst einen formlosen, schlaffen Eindruck machen, wird dann aber allmählich immer voller und voller werden und zuletzt die Gestalt einer prallen Kugel annehmen. Sie wird im großen dasselbe Bild zeigen wie etwa eine Hefezelle oder eine andere kugelförmige Bakterie unter dem Mikroskop.

Die Erklärung dieses Vorganges ist sehr einfach. Genau wie bei dem Versuche 1 findet ein Diffusionsstrom von Wasser in das Innere der Membranzelle statt; für Wasser herrscht ein Konzentrationsgefälle von außen nach innen; denn eine Kupfersulfatlösung enthält in der Volumeinheit weniger Wassermoleküle als reines Wasser. Dieses Einströmen des Wassers wurde bei Versuch 1 allmählich durch den zunehmenden hydrostatischen Druck in der Flüssigkeit infolge des Ansteigens in der Kapillare gehemmt und endlich ganz zum Stehen gebracht. Da die Zellmembran hier ganz von Flüssigkeit umschlossen ist, kann ein zunehmender hydrostatischer Druck nicht auftreten — ein konstanter hydrostatischer Druck wirkt auf die Zelle; er ist gleich der Höhe der Flüssigkeitssäule von der Zellmembran zur Wasseroberfläche, ist aber als konstant aus unseren Betrachtungen wegzulassen — und das Wasser müßte, falls sich nicht ein anderes hemmendes Moment bemerkbar macht, ad infinitum in das Innere strömen, da ein vollständiger Ausgleich des Konzentrationsgefälles nie möglich ist.

Dem osmotischen Druck wirkt aber auch hier allmählich ein Gegendruck entgegen, der von der Membran ausgeht; denn wenn das Zellvolumen ganz mit der Flüssigkeit ausgefüllt ist, so sucht das neu eindringende Wasser sich neuen Platz zu schaffen, indem es die Membran zu dehnen strebt. Diese setzt der Dehnung einen Widerstand entgegen; denn täte sie dies nicht, so würde sie zerreißen, was bei zu schwachen Membranen auch eintritt. Je mehr Wasser eindringt, um so stärker wird der von der Membran ausgeübte Gegendruck — genau wie bei dem hydrostatischen Druck —, bis er endlich gleich ist dem osmotischen Druck, mit dem das Wasser in die Zelle eintritt. In diesem Moment kommt die Strömung zum Stillstand, und das System ist in Ruhe. Der Druck, den eine Zellmembran infolge ihrer Elastizität einer Dehnung entgegensetzt, heißt die Turgeszenz der Membran.

Auf einfache Weise ist es nun möglich wieder eine Erschlaffung der Zelle herbeizuführen. Der Weg ist durch unsere vorhergehenden Überlegungen gegeben. Infolge des Konzentrationsgefälles, das für Wasser von außen nach innen geherrscht hat, ist Wasser in die Zelle hineindiffundiert. Sind wir nun imstande das Konzentrationsgefälle umzudrehen, d. h. die Konzentration der Wassermoleküle außen geringer zu machen als innen, so muß die Zelle allmählich wieder erschlaffen. Das ist sehr leicht zu erreichen, indem man die pralle Zelle in eine Lösung bringt, die an Salz, also z. B. auch Kupfersulfat, konzentrierter ist als die Innenlösung. Da in diesem Fall die Konzentration der Wassermoleküle außen geringer ist wie innen, findet eine Diffusion des Wassers aus der Zelle heraus nach außen statt, und diese erschlafft.

Es ist also ersichtlich, daß durch Konzentrationsänderungen ein dauernder Flüssigkeitsstrom in eine Zelle herein und aus einer Zelle heraus unterhalten werden kann.

Zusammengesetzte künstliche Zelle aus einer nicht elastischen permeablen (1) und einer elastischen semipermeablen (2) Membran. Wir stecken unsere mit Kupfersulfat nicht vollkommen gefüllte elastische semipermeable Zelle (2) in eine unelastische permeable Zelle (1) hinein, wie es der Schnitt Abb. 2 zeigt. Bringen wir diese zusammengesetzte Zelle in Wasser, so stellt sich nach den Vorgängen des vorigen Kapitels allmählich ein Zustand ein, der durch Abb. 3 veranschaulicht wird. Die elastische Membran preßt sich dicht an die unelastische an, so daß ev. der Eindruck nur einer Membranschicht hervorgerufen wird.

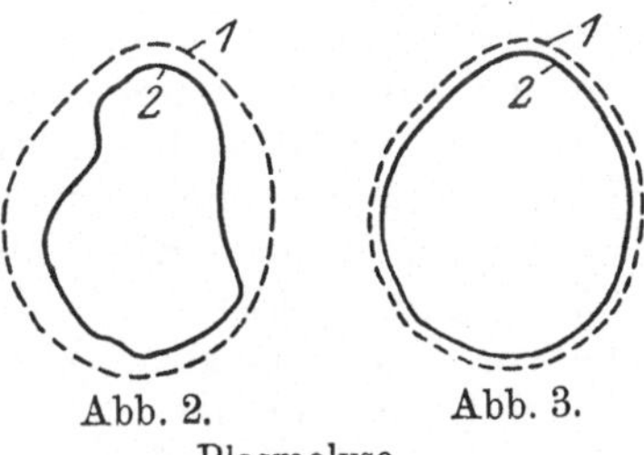

Abb. 2.   Abb. 3.

Plasmolyse.

Bringt man die Zelle in der Verfassung der Abb. 3 genau wie im vorigen Kapitel in eine konzentriertere Salzlösung, als die ist, die sich im Innern der Zelle befindet, so löst sich die semipermeable Membran wieder von der unelastischen permeablen los und der Zustand der Abb. 2 entsteht von neuem. Es ist dies ein Vorgang, den man an einer lebenden Zelle als Plasmolyse bezeichnet.

Die natürliche pflanzliche Zelle. Die natürliche pflanzliche Zelle ist in bezug auf die physikalische Beschaffenheit der ihren Inhalt umgebenden Membranen ein ganz ähnliches Gebilde wie die eben behandelte künstliche zusammengesetzte Zelle. Der Inhalt ist natürlich ganz anders.

Im allgemeinen ist die pflanzliche Zelle im Gegensatz zu der tierischen von einer festen Haut, meistens aus Zellulose bestehend, umgeben, die man als permeable Membran auffassen kann.

Der Inhalt der Zelle besteht hauptsächlich, wenn wir von einer eingehenden Differenzierung absehen wollen, aus dem Protoplasma (Eiweiß), das bei jungen Zellen den ganzen Raum ausfüllt, und bei alten Zellen noch außerdem aus den mit Zellsaft angefüllten Vakuolen oder Safträumen.

Gegen die äußerste permeable Zellulosemembran wird das Protoplasma durch eine mit semipermeablen Eigenschaften ausgestattete sogenannte Hautschicht (Plasmoderma) abgegrenzt, gegen die Safträume durch gleichartig beschaffene Vakuolenwände.

Die lebende Zelle. In den vorhergehenden Abschnitten sind alle Veränderungen und Bewegungserscheinungen in den Flüssigkeiten und den künstlichen Zellen durch mechanische, von außen vorgenommene willkürliche Eingriffe (Konzentrationsänderungen) zustande gekommen. Diese kamen stets nach dem Ausgleich der Konzentration oder nach dem Eintreten eines Kräftegleichgewichts zum Stillstand, und der Mechanismus der Vorgänge war ohne weiteres erfaßbar.

Bei den folgenden Betrachtungen tritt nun ein neuer Faktor auf, der uns die rein mechanische Erklärung aus der Hand winden wird, nämlich die Lebenserscheinungen.

Was unterscheidet in den Grundzügen unsere künstliche tote Zelle von einer lebenden? Hätten wir die obige künstliche Zelle in einer Größe vor uns, daß sie nur unter dem Mikroskop erkenntlich wäre, und befände sie sich in dem Zustand der Abb. 2, so könnte man auf den ersten Blick nicht entscheiden, ob sie tot oder lebendig wäre. Sie würde in ihrem Innern durch das Hineindiffundieren von Wasser Flüssigkeitsströmungen zeigen, sie würde eine Volumzunahme aufweisen, Vorgänge, die sich auch in der lebenden Zelle abspielen; es würde aber endlich doch ein Stillstand kommen, wo keine Veränderung im Innern mehr zu beobachten wäre, das Zeichen des Todes.

Ein lebender Organismus äußert seine Lebenserscheinungen in folgenden Punkten:

Er besteht, selbst wenn keine Vergrößerung seines Volumens durch Wachstum eintritt, doch nicht aus einer gleichbleibenden Stoffmasse. Es finden selbst bei konstanter äußerer Form im Innern doch fortwährende Veränderungen statt. Von außen werden Stoffe aufgenommen und andere wieder von innen nach außen abgegeben. Die lebende Zelle besitzt einen Stoffwechsel.

Eine zweite Lebenserscheinung ist die, daß im allgemeinen die Masse des Organismus mit der Zeit zunimmt. Der Organismus zeigt Wachstum, und zwar macht er gesetzmäßige, im Laufe einer Entwicklung stattfindende Gestaltsveränderungen durch. Früher oder später findet die Bildung von Tochterindividuen statt. Es tritt Fortpflanzung ein.

Als drittes Charakteristikum zeigt die lebende Materie Bewegungserscheinungen.

Diese drei Faktoren zusammenwirkend unterscheiden den lebenden Organismus von der toten Materie.

Der Stoffwechsel in einer lebenden Zelle. Nachdem wir im ersten Teil die Prinzipien der Stoffbewegung in Flüssigkeiten durch permeable und semipermeable Membranen unter Zugrundelegung des osmotischen Drucks an ganz einfachen Beispielen behandelt haben, gehen wir jetzt dazu über, diese Prinzipien auf die komplizierten Verhältnisse des lebenden Organismus zu übertragen.

Zu diesem Zwecke muß man sich zunächst mit den Stoffen vertraut machen, die eine lebende Zelle unbedingt zu ihrer Lebenstätigkeit, also zur Aufrechterhaltung der Faktoren, die wir eben als charakteristisch für das Leben angesprochen haben, und auf die wir die Prinzipien der Stoffbewegung anwenden müssen, braucht. Diese Körper müssen in die Zelle oder den Zellverband aufgenommen und nach außen wieder abgegeben werden, überhaupt alle die Prozesse durchmachen, die wir unter dem Begriff des Stoffwechsels zusammenfassen.

Jeder lebende Organismus, sowohl Pflanze wie Tier, braucht in der Hauptsache drei große Körpergruppen zu seinem Lebensunterhalt.

1) Die Gruppe der Kohlehydrate von den einfachsten bis zu den kompliziertesten zusammengesetzten Verbindungen.

2) Die Gruppe der Eiweißkörper von den einfachsten Bausteinen bis zu den hochmolekularen Verbindungen.

3) Die Gruppe der anorganischen Salze.

(Als Lösungsmittel dient stets das Wasser.)

Die Gruppe der Kohlehydrate, die die Pflanze auf dem Wege des Assimilationsprozesses, den wir in einem folgenden Kapitel über exotherme und endotherme Prozesse noch ausführlich behandeln werden, aus der Kohlensäure der Luft und Wasser bildet, umfaßt Körper, wie Zucker, Dextrine, Stärke, Zellulose usw.

Wie wir im Anfang dieses Kapitels betonten, braucht jede Zelle zu ihrer Ernährung unbedingt Körper aus der Gruppe der Kohlehydrate. Es müssen also derartige Verbindungen durch die semipermeable Hautschicht der Zelle in das Innere derselben hineingelangen, hineindiffundieren können. Aus den einleitenden Betrachtungen geht hervor, daß eine Diffussion von Stoffen nur stattfindet, wenn sie in einem Lösungsmittel gelöst sind. Das einzige in jedem lebenden Organismus vorkommende Lösungsmittel ist das Wasser, so daß man sich bei allen kommenden Betrachtungen nur mit wäßrigen Lösungen zu befassen braucht. Als erste Forderung für einen Körper, der einer Zelle zur Nahrung dienen soll, müssen wir seine Wasserlöslichkeit aufstellen. Eine zweite Forderung ist die, daß die Membran, durch die er in die Zelle hineingehen soll, permeabel für ihn ist. Wie wir schon an anderer Stelle betont haben, kann man nie sagen: die und die Membran ist permeabel oder impermeabel, sondern man kann immer nur sagen, sie ist permeabel oder impermeabel für den betreffenden Körper, den man gerade anführt. Das beste Beispiel ist ja die sogenannte semipermeable Membran unserer obigen Versuche mit Kupfervitriol. Dieselbe ist permeabel für Wassermoleküle und impermeabel für Kupfersulfatmoleküle. Die zweite Forderung hängt demnach von zwei Faktoren ab: der Molekülebeschaffenheit (Molekülgröße) des gelösten Körpers und der Membranbeschaffenheit (Porengröße). Die Hautschicht oder das Plasmoderma der Zelle ist nun im allgemeinen permeabel für die niedrigsten Bausteine der Körpergruppen 1 und 2.

Was unter niedrigsten Bausteinen zu verstehen ist und warum die Permeabilität für diese am größten ist, soll im folgenden gezeigt werden:

Kondensation der Zucker zu Dextrinen, Stärke usw. Bei der Assimilation entsteht aus der Kohlensäure der Luft und Wasser als erstes deutlich nachweisbares Produkt Zucker. Geben wir demselben einfach die Bruttoformel $C_6H_{12}O_6$, die Formel einer sogenannten Monose. Es handelt sich also um ein relativ einfaches, nicht sehr großes Molekül, das wasserlöslich ist. Es ist nun möglich zwei Moleküle $C_6H_{12}O_6$ zu einem Molekül eines neuen Zuckers in folgender Weise zu vereinigen:

$$2\,C_6H_{12}O_6 - H_2O = C_{12}H_{22}O_{11}.$$

Das Molekül dieses Zuckers, das eine Biose entstanden aus zwei Molekülen Monose darstellt, muß schon größer sein als das Molekül der Monose, aus der es hervorgegangen ist. Dieser sogenannte Kondensationsprozeß von Zuckermolekülen kann nun fortgesetzt werden, so daß sich als nächste Kondensation ergeben würde

$$C_{12}H_{22}O_{11} + C_6H_{12}O_6 - H_2O = C_{18}H_{32}O_{16}.$$

Es hat sich ein Molekül einer Triose aus einem Molekül einer Biose und einem Molekül einer Monose gebildet.

Die Triose enthält demnach drei Moleküle Monose vermindert um zwei Moleküle Wasser. Durch diese Kondensationen werden immer mehr Bausteine zusammengefügt, die Moleküle werden immer größer.

Angenommen, es würden n Moleküle Monose kondensiert, so würden nach dem obigen Schema, nach dem aus drei Molekülen Zucker zwei Moleküle Wasser bei der Kondensation austreten, aus n Molekülen n — 1 Moleküle Wasser weggehen. Ist nun die Zahl n sehr groß, so kann man dieses eine Wassermolekül, das von n noch abgezogen wird, vernachlässigen, so daß man ohne großen Fehler annehmen kann, bei einer n-fachen Kondensation treten n Moleküle Wasser aus. Wir kämen also zu einem Körper $n(C_6H_{12}O_6) - nH_2O = (C_6H_{10}O_5)n$. Dieser durch eine n-fache Kondensation einer Monose entstandene Körper $(C_6H_{10}O_5)n$ ist die Stärke. Als Kondensationsprodukte zwischen den Zuckern und der Stärke stehen die Dextrine, mit kleinerem Molekulargewicht als die letztere.

Nicht etwa ein weiteres Kondensationsprodukt der Stärke, sondern ein Seitenzweig der Monosekondensation ist die Zellulose, ebenfalls von der Formel $(C_6H_{10}O_5)x$.

Was die Löslichkeitsverhältnisse anbetrifft, so geben die Zucker Lösungen kristalloider Natur, die im allgemeinen durch alle pflanzlichen Membranen diffundieren. Diese Membranen sind also für die Zuckermoleküle permeabel, da ihre Größe noch verhältnismäßig gering ist.

Bei den Dextrinen wird die Löslichkeit schon geringer, und die Lösungen gehen allmählich von der kristalloiden Natur zu der kolloiden über. Demzufolge wird das Diffusionsvermögen immer geringer, und viele natürliche Membranen sind schon impermeabel für die Dextrine.

Die Stärke und die Zellulose sind endlich wasserunlöslich, und damit fällt auch jedes Diffusionsvermögen weg.

Kondensation der Aminosäuren zu Eiweißkörpern. In ganz analoger Weise wie wir rein synthetisch aus den Zuckern als Bausteinen durch Kondensation die hochmolekularen Kohlehydrate ableiten können — die Pflanzen führen in der Tat diese Synthese aus —, können wir uns aus den Aminosäuren als Bausteinen die Eiweißkörper entstanden denken.

Angenommen wir haben zwei Moleküle der einfachsten Aminosäure $CH_2 \cdot NH_2 \cdot COOH$, des Glykokolls, so können diese sich durch eine Kondensation zu einem neuen Molekül vereinigen

$$NH_2CH_2 \cdot COOH + NH_2CH_2 \cdot COOH - H_2O =$$
$$NH_2CH_2 \cdot CONH \cdot CH_2 \cdot COOH .$$

In ganz analoger Weise wie beim Zucker lassen sich nun immer mehr Aminosäuremoleküle zu großen Komplexen vereinigen. Durch fortschreitende Kondensation kommt man von den Aminosäuren über die Peptone und Albumosen zu den eigentlichen Eiweißkörpern (Proteine). Die Natur bedient sich für ihre Synthesen natürlich nicht dieser einen Aminosäure, die hier angeführt ist, sondern einer großen Zahl verschiedener und gelangt durch deren Kombination zu der mannigfachen und unendlichen Zahl der natürlichen Eiweißkörper. Das Grundprinzip der Vereinigung der Aminosäuremoleküle ist aber auch wieder die Kondensation.

In bezug auf die Löslichkeitsverhältnisse der Eiweißbausteine und Eiweißkörper und auch die Diffusionsfähigkeit findet man eine ähnliche Stufenleiter, wie bei den Kohlehydraten.

Die Aminosäuren geben Lösungen kristalloider Natur mit Diffusionsvermögen durch wohl alle natürlichen Membranen.

Auch die Peptone werden noch als leicht löslich und dialysierbar, nur mit größerem Molekül als die Aminosäuren angesehen.

Die Albumosen geben etwa das Übergangsstadium von den Aminosäuren und Peptonen zu den eigentlichen Eiweißkörpern, ähnlich wie die Dextrine von den Zuckern zu der Stärke. Die Lösungen sind kolloider Natur, und die Moleküle diffundieren nicht mehr durch Membranen.

Die hochmolekularen Eiweißkörper (Proteine) sind teilweise löslich, teilweise unlöslich. Unter dem Sammelbegriff der Eiweißkörper faßt man die verschiedensten Körper zusammen, die nicht wie die Stärke einen Körper zwar mit unbekannter Molekulargröße, aber immerhin wohl definiert darstellen, sondern nur als kompliziert zusammengesetzte Kondensationsprodukte von Aminosäuren mit bestimmten physiologischen und chemischen Eigenschaften angesehen werden können.

Wenn sie löslich sind geben sie stets kolloide Lösungen. Das Diffusionsvermögen geht ihnen daher vollständig ab.

Die Gruppe der anorganischen Salze. Die Bedeutung dieser zunächst am wenigst wichtig aussehenden Gruppe ergibt sich aus folgenden Tatsachen. Eine Pflanze braucht zu ihrer Existenz unbedingt folgende Elemente: Kalium, Calcium, Magnesium, Eisen und Wasserstoff, Sauerstoff, Schwefel, Phosphor, Stickstoff, wenn ihr außerdem in der Luft noch Sauerstoff und Kohlenstoff, letzterer in Form von Kohlensäure zur Verfügung steht.

Außer den Elementen Kohlenstoff und Sauerstoff werden alle anderen Elemente der Zelle oder dem Gesamtorganismus in

Form von Wasser und anorganischen Salzen zugeführt, wie Sulfaten, Phosphaten, Nitraten und Karbonaten des Kaliums, Calciums, Magnesiums und Eisens.

Aus den anorganischen Salzen treten die Elemente dann teilweise innerhalb der Zelle durch irgendwelche, nicht näher zu erläuternde und auch zum größten Teil noch unbekannte Prozesse in organische Bindung ein. Jedes hochmolekulare Eiweiß enthält stets außer den Elementen Kohlenstoff, Sauerstoff und Wasserstoff, aus welchen drei Elementen allein die Kohlehydrate bestehen, stets noch Schwefel und Stickstoff und häufig auch Phosphor.

Aus diesen wenigen, in gewisser Weise wahllos aufgezählten Tatsachen ergibt sich die unbedingte Notwendigkeit der anorganischen Salze zum Bestehen des Zellebens. Ausführlich wird auf ihre Bedeutung, besonders auf diejenige einzelner Salzgruppen in einem späteren Kapitel eingegangen werden.

Zur Aufnahme in die Zelle geeignet sind natürlich auch wieder nur wasserlösliche Salze, die alle Lösungen kristalloider Natur geben und demnach auch diffusibel sind.

Die Erzeugung des zu jeder Diffusion notwendigen Konzentrationsgefälles durch die lebende Zelle. Nachdem wir uns mit den physikalischen Eigenschaften der Hauptvertreter der drei Körpergruppen, die als unbedingt notwendig zum Bestehen jedes Lebens erkannt worden sind, soweit vertraut gemacht haben, als diese Eigenschaften im Zusammenhang stehen mit den Vorgängen der Stoffaufnahme und Stoffabgabe in der Zelle, können wir dazu übergehen, dem Mechanismus des Stoffwechsels der Zelle auf Grund der osmotischen Vorgänge näher zu kommen.

Es seien noch einmal die beiden Forderungen wiederholt, die an jeden Körper, der von einer Zelle aufgenommen werden und als Nahrung dienen soll, gestellt werden müssen: Wasserlöslichkeit und Diffusionsvermögen durch die spezifische Zellmembran, durch die er aufgenommen werden soll.

Nach diesen Forderungen würden von der Gruppe der Kohlehydrate zur Ernährung einer Zelle nur Zucker und ev. Dextrine, von den Eiweißstoffen im allgemeinen nur Aminosäuren und Peptone, von den anorganischen Salzen alle wasserlöslichen Verbindungen obiger Basen und Säuren geeignet sein.

In einer wäßrigen Lösung, die von der Kohlehydratgruppe Zucker und diffusible Dextrine, von den Eiweißverbindungen Aminosäuren und Peptone, und endlich anorganische Salze gelöst enthalte, also mit anderen Worten einer künstlichen Nährlösung, befinde sich eine lebende Zelle, die von einer Hautschicht umgeben sei, die für alle in der Nährlösung vorhandenen Körper permeabel und für alle innerhalb der Zelle befindlichen Körper (Plasmaeiweiß, Zellsaftbestandteile usw.) impermeabel sei.

Der osmotische Druck der Nährlösung setzt sich aus den Partialdrucken der einzelnen Komponenten zusammen. Die Partialdrucke sind proportional der Molekularkonzentration der einzelnen Komponenten. Der in der Zelle herrschende osmotische Druck, der sich seinerseits aus den Partialdrucken der in der Zelle gelösten Stoffe zusammensetzt, sei geringer, als der der Nährflüssigkeit. Es herrscht demnach ein Druckgefälle von außen nach innen, und es muß daher ein Einwandern sämtlicher in der Nährlösung vorhandener Stoffe im Verhältnis ihrer Partialdrucke erfolgen, da für sie alle nach unserer Annahme die Membran permeabel ist. Dies dauert so lange an, bis die osmotischen Drucke innen und außen gleich sind. Wir würden also auf diesem Wege zum Schluß ganz zu derselben Stelle kommen wie bei unseren künstlichen Zellen, nämlich zum Stillstand der Diffusion.

Bei einer lebenden Zelle tritt nun dieser Stillstand nie ein, und zwar aus den folgenden Gründen.

An einer früheren Stelle hatten wir ausgeführt, daß der lebende Organismus einen Stoffwechsel hat, Wachstum und Fortpflanzung zeigt, und auch Bewegungserscheinungen auftreten.

Wenn eine Zelle Wachstum zeigt, so äußert sich dieses darin, daß die Zellmasse zunimmt. Diese, sogar dem Auge sichtbare Vermehrung der Zellmasse beruht stets darauf, daß aus löslichen Kohlehydraten und Eiweißabbauprodukten, also aus niedrig molekularen Bausteinen, hochmolekulare, unlösliche Verbindungen aufgebaut werden. Die Aufbauprozesse sind demnach Kondensationsprozesse, wie wir sie in einem vorigen Abschnitt ausführlich behandelt haben. Jeder Aufbau vermindert dauernd die Zahl der löslichen Moleküle, indem er mehrere Moleküle niedrigeren Molekulargewichts zu einem Molekül höheren Molekulargewichts vereinigt und in unlösliche Verbindungen (Stärke, Zellulose, Proteine usw.) überführt. Es werden also der Lösung dauernd Moleküle entzogen, und da nach dem van 't Hoffschen Gesetz der osmotische Druck einer Lösung nur von der Molekülzahl abhängt, nimmt auch dieser dauernd innerhalb der Zelle ab. Diese Abnahme wird durch dauerndes Nachströmen von diffusiblen Bausteinen aus der Nährlösung nach dem Zellinnern wieder ausgeglichen, so daß die Diffusion in einer lebenden wachsenden Zelle nicht zum Stehen kommt.

Zu gleicher Zeit mit dem Aufbau aus niederen Bausteinen

findet in jeder lebenden Zelle auch ein Abbau zu niederen Molekülen statt, aus Gründen, die mit den Energieverhältnissen der Lebenstätigkeit zusammenhängen und die später besprochen werden. Es ist dies ein Prozeß, der dem Aufbau bzw. der Verminderung der in der Lösung befindlichen Molekülzahl entgegenwirkt. Nun sind aber die Aufbauvorgänge in einer lebenden Zelle umfangreicher als die Abbauvorgänge, und dann führt der Abbau, wenn er wie gewöhnlich als Atmung auftritt, zu den Endprodukten Kohlensäure und Wasser. Von diesen ist die erstere relativ wenig wasserlöslich, also damit auch osmotisch fast unwirksam, und das neugebildete Wasser spielt als solches im Verhältnis zu dem gesamten Lösungswasser keine Rolle. Die Abbauvorgänge kompensieren also in osmotischer Beziehung nicht die Aufbauprozesse.

Wachstum und Stoffwechsel halten in einer Zelle, die am Leben ist, dauernd das Konzentrationsgefälle aufrecht. Das Aufhören des Gefälles bedeutet den Tod.

Der osmotische Druck in Pflanzenzellen beträgt gewöhnlich nicht unter 5 Atm., kann aber Werte bis 100 Atm. erreichen.

Annähernd zu messen sind die Drucke in den Zellen auf plasmolytischem Wege. Man kann, wie genauer in dem Abschnitt der künstlichen Zelle ausgeführt worden ist, an dem Schrumpfen der semipermeablen Membran (Hautschicht) feststellen, wann der osmotische Druck der Außenlösung größer wird, als der Druck im Zellinnern. Da sich nach dem van 't Hoffschen Gesetz der Druck der Außenlösung, wenn ihre Zusammensetzung bekannt ist, leicht berechnen läßt, so ist damit auch der osmotische Druck im Innern der Zelle festgelegt.

Diffusion von Zelle zu Zelle (Zellverband). Bei jedem höher entwickelten Organismus hat man es nie mit einzelnen für sich lebenden Zellen zu tun, sondern es treten die Zellen zu einem Zellverband zusammen. In einem Gewebe führt eine jede Zelle nicht ein von der anderen Zelle unabhängiges Dasein, sondern die Zellen stehen in einer gewissen Abhängigkeit voneinander.

Bei den höheren Organismen verändern sich infolge des Zellgewebes auch die Ernährungsverhältnisse der einzelnen Zelle. Es schwimmt hier nicht mehr jede Zelle in der Nährflüssigkeit, wie z. B. die Hefe in der Bierwürze oder überhaupt Zellen in einer Nährlösung, sondern nur gewisse Zellen haben den Vorzug, wie man sich ausdrücken kann, direkt mit den Nährsubstanzen, die bei den höher organisierten Pflanzen in besonderen Leitungsbahnen des Pflanzenkörpers transportiert werden, in Berührung zu kommen. Die anderen Zellen, die nicht so bevorzugt sind, liegen durch viele Zellschichten getrennt von den Leitungsbahnen entfernt. Aber auch sie müssen ernährt werden. Es muß demnach ein Diffusionsstrom von Zelle zu Zelle erfolgen, was voraussetzt, daß Kommunikationswege zwischen den einzelnen dicht aneinander grenzenden Zellen bestehen. In der Tat ziehen sich Plasmastränge, die sogenannten Plasmodesmen, von einer Hautschicht zur anderen durch die Zellulosemembran hindurch, so daß das Zellplasma eines Zellgewebes in gewisser Weise ein organisches Ganzes bildet. Das Zustandekommen der Konzentrationsgefälle geschieht wieder nach denselben Prinzipien, wie sie im vorigen Kapitel erläutert worden sind.

Die Keimung eines Gerstenkornes (Mälzungsprozeß) als Beispiel neuer Gewebsbildung und von Diffusionsvorgängen in Geweben. Ein ausgereiftes Getreidekorn, wie es nach dem Drusch auf einem Getreideboden lagert, stellt ein scheinbar totes Gebilde dar; denn die offensichtlichen Kriterien des Lebens, wie Wachstum, Stoffwechsel, Bewegungserscheinungen sind nicht zu erkennen. Wäre das Korn in der Tat tot, so könnte aus ihm nie wieder durch irgendeinen äußeren Anlaß das Leben erwachen, was doch tatsächlich bei der Keimung eines Getreidekornes, sei es im Erdboden, sei es auf der Tenne der Mälzerei, sei es auf feuchter Watte usw. stattfindet.

Bei genaueren Untersuchungen zeigt nun ein jedes Getreidekorn, aus dem sich später eine lebende Pflanze entwickelt, auch einen Stoffwechsel, der sich in der Ausscheidung von Kohlensäure und Wasser und geringer Eigenerwärmung äußert. Ein intensiveres Leben im Innern ist nicht möglich, da ein ausgereiftes Korn nur einen geringen Prozentsatz an Wasser enthält, und so Diffusionsvorgänge nur ganz unvollkommen und träge vor sich gehen können. Allein bei schneller Diffusion ist auch ein reges Leben möglich. Die weitgehende Abwesenheit des Wassers ist es also, die die Lebenstätigkeit auf ein Minimum eingeschränkt hat, und nur ein trockenes Getreidekorn ist demnach lagerfest.

Das Leben wird sofort wachgerufen, sobald Wasser dem ruhenden Korn zugeführt wird. Ehe wir auf die Aufnahme des Wassers eingehen und die dann einsetzenden Wachstums- und Ernährungsvorgänge im einzelnen behandeln, müssen wir uns über die Beschaffenheit eines Getreidekorns ein klares Bild verschaffen.

Betrachtet man sich einen Längsschnitt, z. B. durch ein Gerstenkorn, so kann man deutlich zwei Teile unterscheiden:

den Keimling *B* und das Endosperm oder den Mehlkörper *C*; beide Teile werden von einer gemeinsamen Umhüllung *A* umgeben.

Der Keimling *B* enthält die Anlage der künftigen oberirdischen Organe (*β* und *γ*) und die Anlage der Wurzeln (*δ*).

Im Endosperm lagern die zur Ernährung eines lebenden Organismus notwendigen drei Körpergruppen: Kohlehydrate, hauptsächlich in Form von Stärke neben geringen Mengen diffusibler Bausteine (Rohrzucker), Eiweißkörper in Form meist sehr hochmolekularer Aufbauprodukte, daneben ebenfalls kleine Mengen diffusibler Bausteine der Eiweißgruppe und endlich anorganische Salze neben organischen Salzkomplexen und außerdem noch Fette usw.

Die Umhüllung *A* setzt sich aus der hauptsächlich zum Schutz dienenden Spelze *S* zusammen, auf die nach innen sich die Frucht- und Samenschale, die beide miteinander verwachsen sind, anschließen. Die letztere, auch Testa genannt, hat die Eigenschaften einer semipermeablen Membran, d. h. hier in diesem Falle: sie ist für Wasser durchlässig (permeabel) und für größere Moleküle undurchlässig (impermeabel) oder fast undurchlässig. Jedenfalls ist die Diffusionsgeschwindigkeit von Wasser durch diese Membran bedeutend

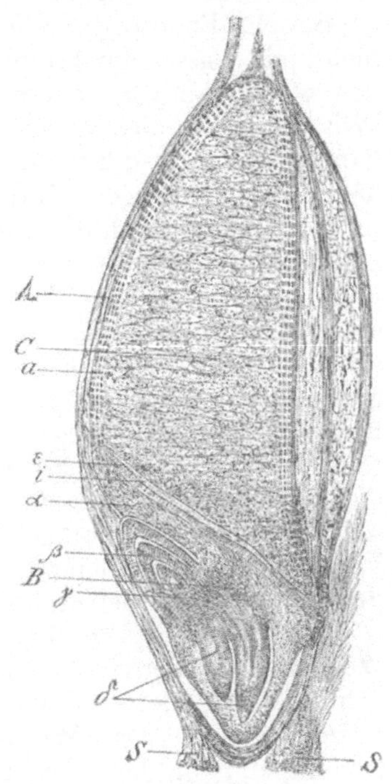

Abb. 4.   Längsschnitt durch ein Gerstenkorn.

größer als die gelöster Stoffe mit größeren Molekülen, wie das im Kapitel der semipermeablen Membranen ausführlich geschildert worden ist.

Ein ruhendes Gerstenkorn komme nun in Berührung mit Wasser, sei es im Erdboden, sei es, indem es direkt in Wasser eingeweicht wird. Das Korn hat in seinem Innern einen sehr kleinen Wassergehalt, der ja so gering sein muß, damit die Diffusionsvorgänge und damit die Lebensvorgänge auf ein Minimum beschränkt sind. Die Konzentration der Wassermoleküle im Korninnern ist also sehr klein. Es wird demnach, sobald der Prozentgehalt des Wassers außen um das Korn herum über den Prozentgehalt des Wassers im Korninnern steigt, also bei einem Einweichen in Wasser außen ein Wert von 100 % erreicht, für Wasser ein Konzentrationsgefälle von außen nach innen herrschen und Wasser in das Samenkorn durch die Testa eindringen. Die Wasseraufnahme erfolgt also rein automatisch, ohne daß irgendwelche Lebensfunktionen dabei eingreifen müssen.

Sowohl Endosperm wie Embryo werden allmählich immer mehr mit Wasser durchtränkt, und die Möglichkeit der Diffusion von Stoffen im Korninnern wird immer weitgehender gegeben. Wir haben in diesem Abschnitt erwähnt, daß sich in jedem Samenkorn stets diffusible, lösliche Verbindungen der zur Ernährung notwendigen Körpergruppen befinden. Es wird sich im Korninnern durch das Eindringen des Wassers, das nach früheren Auseinandersetzungen über die Wasseraufnahme in eine Zelle nur bis zu einer gewissen Grenze stattfinden kann, da die Zellmembran einen allmählich stärker werdenden Gegendruck ausübt, eine kohlenhydrat- und eiweißhaltige, sowie andere Stoffe enthaltende Lösung bilden. Der Gegendruck wird hier von der Testa ausgeübt. Da wir gesehen haben, daß die löslichen Reservestoffe in der Hauptsache außerhalb der Zellen, die in embryonale Vermehrung eintreten, gespeichert sind, wird sich ein Konzentrationsgefälle dieser von vornherein löslichen Verbindungen zum Embryo ergeben, und ein Diffusionsstrom zu den embryonalen Zellen wird allmählich einsetzen.

Die Zellen des Embryos sind durch das Eindringen des Wassers so wasserreich in ihrem Innern geworden, daß das bis dahin latente Leben erwachen und die Lebensfunktionen einsetzen können. Das Wachstum des Blatt- und Wurzelkeims beginnt, d. h. an den Vegetationspunkten der Blatt- und Wurzelkeimanlage beginnt die Zellvermehrung bzw. Zellteilung. Da jede Zellvermehrung nach unseren früheren Ausführungen auch mit einer Vermehrung der hochmolekularen Verbindungen, sowohl von Kohlehydraten wie Eiweißstoffen, durch Kondensationen aus niederen, wasserlöslichen, diffusiblen Bausteinen, verbunden ist, so werden die im Korn von vornherein vorhandenen diffusiblen Verbindungen bald aufgebraucht sein, und es würde, wenn sich nicht neues Baumaterial verfügbar machen ließe, bald wegen Nahrungsmangels zu einem Stillstand des Wachstums kommen.

Damit dies nicht eintritt, muß also der Embryo sich neue diffusible Verbindungen herbeischaffen. In unlöslicher Form liegen ihm die zu seiner weiteren Ernährung notwendigen Körper in greifbarer Nähe, nämlich im Endosperm, sozusagen in überwältigender Menge, erreichbar da. Er muß nur imstande sein, sie zu löslichen diffusiblen Verbindungen abzubauen. Dazu ist der Embryo nun mit Hilfe seiner Enzyme imstande. An dieser Stelle sei von den Enzymen nur gesagt, daß sie Körper sind, mit denen die Pflanze, wie überhaupt jeder lebende Organismus, imstande ist, chemische Reaktionen der verschiedensten Art, wie sie sich bei der Aufrechterhaltung des Lebens abspielen, und die wir häufig in unseren Laboratorien bei sehr erhöhter Temperatur nachmachen können, bei den niederen Temperaturen, bei denen sich das organische Leben vollzieht, auszuführen. Es sind Stoffe, die die Geschwindigkeit einer Reaktion vergrößern, obgleich sie sich an der Reaktion nicht oder nicht in stärkerem Maße beteiligen, d. h. obgleich sie nicht oder doch nicht erheblich in eins der Endprodukte der Reaktion eintreten. Durch das Ferment oder Enzym wird etwa nicht die Reaktion geändert oder gar erst herbeigeführt, sondern nur die Reaktionsgeschwindigkeit vergrößert.

Die Wirkungsweise der Enzyme, die zur großen Gruppe der Katalysatoren gehören, ist in den wenigsten Fällen aufgeklärt.

Auch die Zusammensetzung der Enzyme, die meistens organische kolloide Substanzen sind, ist nicht näher bekannt.

Wir hatten gesehen, daß durch Kondensationen aus den niederen Bausteinen, wie Aminosäuren und Zuckern, durch Abspaltung von Wasser aus immer je zwei Molekülen die hochmolekularen Eiweißkörper (Proteine) und Kohlehydrate (Stärke, Zellulose) entstehen. Diese Kondensationen nimmt die Pflanze auch mit Hilfe von Enzymen vor.

Der der Kondensation entgegengesetzte Vorgang ist die Hydrolyse, d. h. in die hochmolekularen durch Kondensation entstandenen Verbindungen wird wieder Wasser eingeführt, wodurch diese in die einfachen Bausteine zerfallen. Die Hydrolyse der Stärke zum Zucker, aus dem sie ursprünglich hervorgegangen ist, würde also formell — daneben sei auch noch einmal die Kondensation geschrieben — so verlaufen:

Kondensation

$$n\ C_6H_{12}O_6 - n\ H_2O = (C_6H_{10}O_5)\ n$$
n Moleküle Monose   1 Molekül-Stärke

Hydrolyse

$$(C_6H_{10}O_5)\ n + n\ H_2O = n\ C_6H_{12}O_6$$
1 Molekül Stärke   n Moleküle Monose

In analoger Weise geht die Hydrolyse der Proteine zu den Aminosäuren vor sich.

Indem der ins Leben getretene Embryo nun Enzyme in das Endosperm aussendet, die imstande sind, derartige Hydrolysen auszuführen — ob die Enzyme durch einen dem Ernährungsstrom entgegengesetzt gerichteten Diffusionsstrom tatsächlich in das Endosperm gelangen, oder ob sie im Endosperm schon von vornherein vorhanden und nur nicht aktiv tätig sind, um erst auf irgendeine Weise bei einsetzendem Leben zur Tätigkeit veranlaßt zu werden, soll hier nicht näher untersucht werden —, baut er die Reservestoffe des Endosperms fortlaufend zu diffusiblen Verbindungen ab, die im Diffusionsstrom von Zelle zu Zelle bzw. in Leitungsbahnen zum Keimling strömen.

Da hierbei auch die die Stärkekörner umgebenden Zellulosewände allmählich vom Embryo zur Kornspitze fortschreitend hydrolytisch in analoger Weise wie die Stärke aufgelöst werden, um als Nährstoff Verwendung zu finden, so nimmt das Endosperm, das ursprünglich dem Zerreiben zwischen den Fingerspitzen einen erheblichen Widerstand entgegensetzt, eine leicht zerreibliche Beschaffenheit an, eine Erscheinung, die der Gärungspraktiker mit Auflösung bezeichnet.

In welcher eleganten Weise der Embryo den Diffusionsstrom nach den Wachstumszentren zu regeln versteht, dafür ist ein besonders gutes, auch dem Auge sichtbares Beispiel die sogenannte transitorische Stärke. Unter dem Mikroskop sieht man häufig in den embryonalen Geweben kleine Stärkekörner an den verschiedensten Stellen auftauchen und wieder verschwinden. Sie sind ein sichtbares Zeichen der Kondensationen und Hydrolysen, die der Organismus ausführt, um das Diffusionsgefälle je nach dem Bedarf im ersteren Falle abzuschwächen, im zweiten Falle zu verstärken.

Liegt das wachsende Getreidekorn im Erdboden, so reichen die Reservestoffe des Endosperms aus, um das Wachstum der Pflanze so lange zu fördern, bis die Wurzeln die Samenschale durchbrechen, allmählich festen Fuß im Erdboden fassen und Wasser und Nährsalze aus ihm aufnehmen können, während die dem Licht zustrebende Blattanlage selber assimilierfähig wird, d. h. selbst Nährstoffe bilden kann.

In den Gärungsgewerben unterbricht man das Wachstum der Gerste bzw. des Malzes auf der Tenne, indem man die Diffusionsvorgänge durch Trocknen (Wasserentziehung) des Grünmalzes zum Stillstand bringt und damit das Leben zunächst wieder in den latenten Zustand überführt, in dem es sich im

gereiften Gerstenkorn befunden hat, und es dann durch sehr erhöhte Temperaturen (Darrprozeß) abtötet.

Zum Schluß dieses Kapitels sei bemerkt, daß die Aufnahme
von Stoffen in die Zelle und die Prinzipien der Stoffbewegung keinesfalls nur auf den Gesetzen der Osmose
beruhen, sondern, daß da noch mannigfache Faktoren,
wie kolloide Quellung, Oberflächenaktivität und andere
physikalische Eigenschaften eine große Rolle spielen,
auf die wir teilweise an anderer Stelle noch zurückkommen
werden. Die Vorgänge in diesem Kapitel sind mit Absicht
etwas schematisiert worden, um durch komplizierte Nebenprozesse
nicht die Einheitlichkeit des Bildes zu stören, und um den An-
fänger allmählich an die Gedankengänge zu gewöhnen.

II. Exotherme und endotherme Prozesse.

Man hört oft die Redensart, alles was auf der Erde lebt,
sei es Pflanze, sei es Tier, lebe von der Sonne, oder besser der
Sonnenenergie. Diese Behauptung ist richtig nach den folgenden Überlegungen.

Ein chemischer Vorgang kann unter Freiwerden von
Wärme bzw. Energie verlaufen, dann ist er exothermisch,
verläuft er unter Verbrauch von Wärme bzw. Energie,
nennt man ihn endothermisch.

Man kann sechs Hauptarten von Energie unterscheiden: 1.
mechanische Energie, 2. Volumenergie, 3. chemische Energie,
4. elektrische oder magnetische Energie, 5. Wärmeenergie und
6. Strahlungsenergie. Diese verschiedenen Energiearten sind ineinander umwandelbar und zwar quantitativ, d. h. ohne Verlust,
nur beschränkt durch den zweiten Hauptsatz der mechanischen
Wärmetheorie, worauf wir hier nicht näher einzugehen brauchen.

Im vorigen Kapitel hatten wir rein formell die Konden-
sationsvorgänge und Hydrolysen in den Zellen vom Standpunkt
der osmotischen Theorie besprochen. Wir hatten gesehen, daß
durch Kondensation von Zuckern die Stärke, Zellulose und andere
Kohlelhydrate, durch Kondensation von Aminosäuren die Peptone, Abumosen, Proteine und ähnliche Stickstoffkörper entstehen können. Bei diesen Überlegungen wurde stets vom
Zucker ausgegangen, einem chemisch schon sehr komplizierten
Körper. Es wurde an keiner Stelle die Frage aufgeworfen, wo
die Pflanze den Zucker zu den Kondensationen hernimmt; denn
dieser muß doch an irgendeiner Stelle im Pflanzenorganismus
entstehen.

Assimilation. Die Zuckerbildung findet bei der Assimilation der Luftkohlensäure in der grünen Pflanze statt, und zwar bildet sich aus Wasser und Kohlensäure wahrscheinlich über den Formaldehyd als Zwischenprodukt der Zucker, mit dem dann die oben besprochenen Kondensationen zu den Kohlehydraten stattfinden, und aus dem auch durch Einlagern von Stickstoff die Stickstoffverbindungen (Proteine) hervorgehen. Das typische aller dieser Vorgänge ist, daß sie Aufbauvorgänge sind, d. h. es werden stets aus einfachen Körpern komplieziertere Gebilde aufgebaut. Die Assimilation findet nur in der grünen Pflanze und nur unter dem Einfluß des Sonnenlichtes statt. Diese Tatsache beweist, daß die Assimilation, wie überhaupt alle Aufbauprozesse ein endothermer Vorgang ist. Die Assimilation findet nur statt, wenn von außen Energie, hier die Sonnenenergie, zugeführt wird. Es wird also bei der Assimilation die Strahlungsenergie der Sonne in chemische Energie umgesetzt. Es muß demnach der Zucker einen größeren Energiewert darstellen als das System Kohlensäure — Wasser oder Formaldehyd; denn wäre das nicht der Fall, so würde das dem Gesetz von der Unzerstörbarkeit der Energie widersprechen: wie kein Stoff aus nichts entstehen oder in nichts verschwinden kann (Gesetz von der Unzerstörbarkeit des Stoffes), so kann auch keine Energie aus nichts entstehen oder in nichts verschwinden.

Auch die später einsetzenden Kondensationen sind endothermisch und spielen sich nur ab, wenn Energie von außen zur Verfügung steht, so daß also Stärke wieder energiereicher ist wie Zucker.

Die Assimilation kann nach dem vorhergesagten nur in Zellen stattfinden, die vom Sonnenlicht bestrahlt werden, also nur in einer im Verhältnis zu der Gesamtzahl der Zellen eines Pflanzenorganismus sehr beschränkten Zahl von peripherischen Zellen. Nun wissen wir aber, daß nicht nur jene grünen assimilierenden Zellen, die also nur allein befähigt sind, Sonnenlicht zu speichern, wachsen und leben, sondern daß auch die Zellen in den inneren Schichten des Pflanzenkörpers, auf die nie ein Lichtstrahl trifft, so z. B. die Wurzeln ihre Substanz vermehren und Leben zeigen. Es finden also Aufbauprozesse, die wie schon oben gesagt endotherm sind, überall statt. Woher steht den Zellen die für diese Prozesse nötige Energie zur Verfügung?

Atmung. Diese Energie verschaffen sich die Zellen durch gleichzeitig neben den endothermen Prozessen verlaufende exotherme Prozesse, die sich im Zellinnern abspielen, in der Hauptsache durch die Atmung.

Genau wie man Holz und Kohle unter Luftzutritt (Sauerstoff) zu Kohlensäure und Wasser, den beiden Endprodukten jeder vollkommenen Verbrennung oxydieren kann, wobei man eine intensive Wärmeentwicklung (Energie) bemerkt, so verbrennt die Zelle mit Hilfe bestimmter Enzyme, die den Luftsauerstoff übertragen, hochmolekulare Verbindungen, insbesondere Kohlehydrate zu Kohlensäure und Wasser und macht dabei Energie frei.

Der große Unterschied zwischen den beiden exothermen Prozessen der gewöhnlichen Verbrennung an der Luft und der Verbrennung (Oxydation) bei der Atmung in der lebenden Zelle liegt darin, daß bei der ersteren sehr hohe Temperaturen entwickelt werden, die jedes organische Leben zerstören, während die Verbrennung bei der Atmung sich bei dem Organismus zuträglichen Temperaturen abspielt. Die Gesamtmenge der freiwerdenden Energie für eine gleiche Menge verbrannter Substanz ist bei beiden Vorgängen gleich.

Die Atmungsvorgänge sind Abbauprozesse. Abbauprozesse, also demzufolge auch die den Kondensationen entgegengesetzten Vorgänge, die Hydrolysen, sind exothermisch.

Alle Produkte, die bei der Atmung abgebaut werden, sind nun einmal zu irgendeiner Zeit in der Pflanze durch Assimilation entstanden. Durch die Atmung wird sozusagen zur passenden Zeit und an der Stelle des Bedarfs der chemische Akkumulator, mit welchem Namen man die Assimilationsprodukte bezeichnen kann, entladen. Zugeführt werden die bei der Atmung oxydiert werdenden Körper nach den Stellen des Verbrauchs durch die bekannten osmotischen Vorgänge.

Am Tage laufen also in einer grünen Pflanze Atmung und Assimilation getrennt nebeneinander, in der Nacht spielt sich nur die Atmung ab.

Welche Wärmemengen bei der Atmung frei werden, zeigt deutlich ein Haufen feuchter, wachsender Getreidekörner (Malz), bei dem sich schon durch das Gefühl Temperaturerhöhung feststellen läßt. Da diese Atmungswärme stets auf Kosten der im Endosperm des Getreides gespeicherten Extraktstoffe, insbesondere der Stärke entsteht, muß man versuchen, die Atmung beim Mälzen soweit wie möglich einzuschränken. Ganz zu verhindern ist sie nicht, da das gleichbedeutend mit dem Erstickungstod wäre.

Neben der Vermehrung der Zellsubstanz dient also die Ernährung einer Zelle oder Zellvielheit auch zur Schaffung der zur Aufrechterhaltung aller Lebensfunktionen notwendigen Energie.

Zur direkten Umsetzung der Strahlungsenergie der Sonne in chemische Energie ist allein die grüne Pflanze durch ihre Chlorophyllkörner befähigt. Es müssen also alle anderen organischen Lebewesen, seien es nichtgrüne Pflanzen, seien es Tiere, ihre Lebensfunktionen dadurch erhalten, daß sie ihrem eigenen Organismus als Nahrung die energiereichen chemischen Systeme, die in der grünen Pflanze bei der Assimilation entstehen, zuführen und diese dann in ihrem eigenen Körper abbauen. Durch diesen Abbau gewinnen sie die für die Lebensfunktionen nötige Energie. So leben auch die nicht direkt die Sonnenenergie verwendenden Lebewesen indirekt alle von der Sonne; selbst die reinen Fleischfresser, die nie eigentliche Assimilationsprodukte der grünen Pflanze wie Stärke usw. ihrem Organismus zuführen, leben doch auf dem Umwege über die Pflanzenfresser von der Sonne. **Alle Lebensvorgänge beruhen also direkt oder indirekt auf dem endothermen Prozeß der Assimilation.**

Assimilation, Atmung und Gärung. Die normalen Endprodukte der Atmung sind bekanntlich Wasser und Kohlensäure. Rein formell würde sich also z. B. die bei der Atmung vor sich gehende Oxydation eines Zuckers folgendermaßen ergeben:

$$C_6H_{12}O_6 + 6\,O_2 = 6\,CO_2 + 6\,H_2O.$$

Nach den vorhergehenden Betrachtungen ist die durch diese Formel ausgedrückte Reaktion ein exothermer Prozeß, bei dem Energie frei wird. Es ist also sicher der Energieinhalt der beiden Komponenten der linken Gleichungsseite größer als der der rechten.

Um Reaktionen thermochemisch ausdrücken zu können, verwendet man die gewöhnlichen Symbole der chemischen Elemente und Verbindungen, umgibt sie aber zur Unterscheidung von ihrer sonstigen Bedeutung mit einer Klammer. So ist also durch das Zeichen $(C_6H_{12}O_6)$ der Energieinhalt eines Moles Zucker, durch (O_2) der eines Moles Sauerstoff ausdrückt.

Thermochemisch würde also die obige Atmungsgleichung geschrieben werden:

$$\text{I.} \quad (C_6H_{12}O_6) + 6\,(O_2) = 6\,(CO_2) + 6\,(H_2O) + U\,\text{cal}$$

oder

$$[(C_6H_{12}O_6) + 6\,(O_2)] - [6\,(CO_2) + 6\,(H_2O)] = U\,\text{cal}.$$

(Die U cal zeigen, daß eine bestimmte genau meßbare Wärmemenge bei diesem Atmungsprozeß frei wird. 1 cal = 1 kleine Kalorie.)

Der Vorgang der Assimilation, bei der sich aus Kohlensäure und Wasser Zucker bildet, würde sich demgemäß folgendermaßen schreiben:

$$\text{II.} \quad 6\,(CO_2) + 6\,(H_2O) + U\,\text{cal} = (C_6H_{12}O_6) + 6\,(O_2)$$

oder

$$[6\,(CO_2) + 6\,(H_2O)] - [(C_6H_{12}O_6) + 6\,(O_2)] = -\,U\,\text{cal.}$$

(Es werden also wieder U cal verbraucht, um den der Atmung entgegengesetzten Vorgang der Assimilation sich abspielen zu lassen.)

Bei einem exothermen Prozeß ist der Ausdruck U cal, wenn die Gleichung nach U aufgelöst ist, positiv, bei einem endothermen Prozeß negativ.

U wird als die **Wärmetönung** der Reaktion bezeichnet.

Es ist demnach das System $C_6H_{12}O_6 + 6\,O_2$ um U Kalorien energiereicher als das System $6\,CO_2 + 6\,H_2O$ und umgekehrt.

Man nimmt nun an, daß der Vorgang der Atmung sich nicht nach der einfachen Reaktion der Formel I abspielt, sondern genau wie die Assimilation in mehrere Phasen zerfällt und zwar folgendermaßen:

$$\text{I a)} \quad (C_6H_{12}O_6) = 2\,(C_2H_5OH) + 2\,(CO_2) + u_1\,\text{cal}$$
$$\underline{\text{I b)} \quad 2\,(C_2H_5OH) + 6\,(O_2) = 4\,(CO_2) + 6\,(H_2O) + u_2\,\text{cal}}$$
$$\text{I} \quad\;\; (C_6H_{12}O_6) + 6\,(O_2) = 6\,(CO_2) + 6\,(H_2O) + U\,\text{cal}$$

$(u_1 + u_2 = U)$

oder

$$\text{I a)} \quad [(C_6H_{12}O_6)] - [2\,(C_2H_5OH) + 2\,(CO_2)] = u_1\,\text{cal}$$
$$\underline{\text{I b)} \quad [2\,(C_2H_5OH) + 6\,(O_2)] - [4\,(CO_2) + 6\,(H_2O)] = u_2\,\text{cal}}$$
$$\text{I} \quad\;\; [(C_6H_{12}O_6) + 6\,(O_2)] - [6\,(CO_2) + 6\,(H_2O)] = U\,\text{cal.}$$

Der Prozeß I ist damit in zwei Phasen I a und I b zerlegt. Es zeigt sich, daß Prozeß I a nur einen molekularen Zerfall (**anaerobe Atmung, intramolekulare Atmung, Atmung ohne Luft**) darstellt, und die eigentliche Oxydation (Verbrennung) durch den Luftsauerstoff erst bei der zweiten Phase I b stattfindet. Jede der beiden Phasen ist mit einer bestimmten Wärmeentwicklung u_1 und u_2 verbunden, die zusammen den Wert U ergeben.

Betrachtet man die Gleichung I a näher, so sieht man, daß sie die bekannte Gärungsgleichung der Monosen (Zucker) darstellt. **Die Gärung ist also die anaerobe Phase der Atmung.** Die Oxydation des Alkohols, die bei der aeroben Atmung als zweite Phase auftritt, findet bei der Gärung nicht statt, sondern die Reaktion bleibt bei Gleichung I a stehen.

Der Energiegewinn ist dementsprechend bei der Gärung, wie das auch ohne weiteres aus obigen Gleichungen hervorgeht, geringer, als bei der vollständigen Atmung. Die Hefe arbeitet also in gewisser Weise unrationell, da sie den ihr zur Verfügung stehenden Energievorrat nicht vollständig ausnutzt. Es sprechen da aber noch andere Punkte, wie Unabhängigkeit vom Luftsauerstoff in der gärenden Flüssigkeit, Schutzwirkung des Alkohols gegen fremde Organismen (Bakterien) usw. mit, die die Hefe beim Prozeß Ia stehen bleiben, und die sie auf den vollständigen Energiegewinn verzichten lassen.

Die selbständige Erwärmung von gärenden Flüssigkeiten z. B. Bier in den Gärbottichen ergibt sich ohne weitere Erläuterung aus der Gärungsgleichung Ia.

III. Die Dissoziationstheorie.

Nach dem van 't Hoffschen Gesetz hatte sich ergeben, daß isomolekulare Lösungen den gleichen osmotischen Druck ausüben. Es hat sich nun herausgestellt, daß dieses Gesetz zwar für eine große Zahl von Körpern zutrifft, aber für eine große Körpergruppe nicht.

Während Alkohol, Zucker und ähnliche organische Stoffe genau dem van 't Hoffschen Gesetze folgen, zeigt sich, daß die große Gruppe der anorganischen Salze, die Säuren und Basen stets einen größeren osmotischen Druck ausüben als der Molekülzahl in der Lösung entspricht. Diese osmotische Druckerhöhung ist nicht für alle Salze, Säuren usw. gleich groß; sie hat einen für jeden Körper charakteristischen Zahlenwert.

Als eine allen Körpern, die einen ihrer molaren Konzentration nach zu hohen osmotischen Druck zeigen, gemeinsame Eigenschaft hat sich nun gezeigt, daß sie in Lösung den elektrischen Strom leiten. Es sei das an einem Beispiel veranschaulicht.

Elektrolyse. Die beiden Pole ($+$ und $-$) eines Akkumulators seien durch Drähte mit einem Ampèremeter verbunden. Das Instrument wird einen bestimmten Ausschlag geben; schneidet man jetzt einen der Verbindungsdrähte an einer Stelle durch, so wird das Ampèremeter keinen Ausschlag zeigen. Taucht man dann die beiden Drahtenden in einem beliebigen Abstand in eine Salzlösung, so wird ein erneuter Ausschlag des Ampèremeterzeigers erfolgen, d. h. es findet wieder ein Stromfluß statt. Nimmt man jetzt die Salzlösung weg und bringt an ihre Stelle eine alkoholische Lösung, die der Salzlösung isomolekular ist, und taucht die beiden Drahtenden in demselben Abstand wie im ersten Versuch in die Lösung, so wird kein Ausschlag des Ampèremeters erfolgen. Während also im ersten Falle eine Leitung des Stromes durch die Salzlösung stattfand, geschah dies im zweiten Falle nicht, obgleich die Zahl der gelösten Moleküle in der Volumeinheit in jedem Falle gleich groß war.

Es muß dieser Unterschied also in der Art der Moleküle begründet sein.

Nachdem wir den Stromdurchgang durch Salzlösungen festgestellt haben, betrachten wir die Vorgänge bzw. Veränderungen in der vom elektrischen Strom durchflossenen Lösung. Wir tauchen jetzt in die Lösung nicht einfach die beiden Drahtenden wie oben ein, sondern an deren Stelle zwei mit den Drähten verbundene Metallplatten A und K, die man Elektroden nennt, in der Anordnung, wie es die Abbildung zeigt.

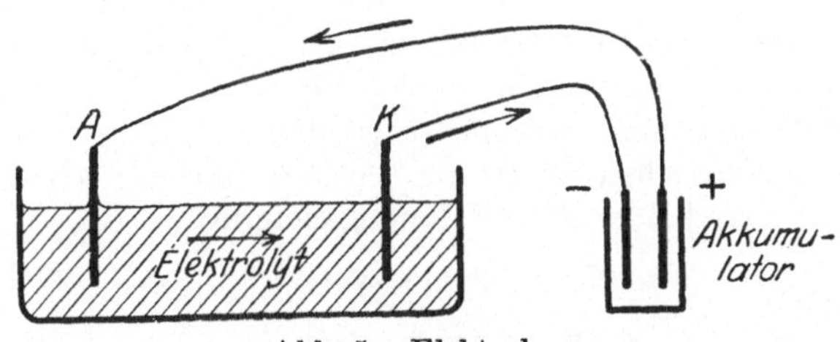

Abb. 5. Elektrolyse.

An der Elektrode A möge der Strom in die Salzlösung, die man mit dem Namen Elektrolyt bezeichnet, eintreten und an der anderen Elektrode K aus der Flüssigkeit austreten und wieder zum Element zurückfließen. Die Eintrittselektrode nennt man die Anode ($+$), die andere die Kathode ($-$).

Angenommen, der Strom werde durch eine Kochsalzlösung (NaCl) geleitet, so scheidet sich an der Kathode metallisches Natrium (Na) und an der Anode Chlor (Cl) aus. Es ist demnach eine Zerlegung von NaCl in Na und Cl durch den Strom erfolgt.

Man mag die Elektroden noch so weit auseinander legen, stets tritt im Augenblick des Stromdurchgangs an denselben Natrium und Chlor auf. Man muß deshalb annehmen, daß das an den Elektroden auftauchende Na und Cl nicht aus demselben Molekül NaCl in der Flüssigkeit stammt.

Theorie von Arrhenius (Dissoziation von Salzen). Um die eben angegebenen Erscheinungen der Elektrolyse erklären zu können, muß man sich vorstellen, daß z. B. gelöstes Natriumchlorid nicht nur in Form des Moleküls NaCl in der Lösung vorliegt, sondern daß ein Zerfall des Moleküls in neue Teilchen eingetreten ist und zwar in die Ionen, ob quantitativ, sei vorläufig dahingestellt, und zwar in das mit einer positiven elektrischen Ladung versehene Na-Ion (Na^+), und das mit einer negativen elektrischen Ladung behaftete Cl-Ion (Cl^-). Aus der Annahme dieser geladenen Ionen wird nun erklärlich, warum das positiv geladene Na-Ion zur Kathode und das negativ geladene Cl-Ion zur Anode wandert, wenn Strom durch die Lösung fließt. — Ungleichnamige Elektrizitäten ziehen sich an. — Daß es sich in der Lösung nicht um metallisches Natrium (Na) und gasförmiges elementares Chlor (Cl) handelt, die ohne elektrische Ladung sind, drückt das $+$ und $-$ Zeichen als Index an den beiden Symbolen Na und Cl aus. Es ist also in einer Elektrolytlösung, auch wenn kein Strom durch sie hindurchgeht, das Natriumchlorid bzw. ein Teil davon in elektrisch geladene Teilchen, in die sogenannten freien Ionen gespalten. Diese Spaltung der Moleküle in geladene Ionen heißt elektrolytische Dissoziation.

Es fragt sich nun, warum trotz dieser Ladung der Ionen mit einem elektrischen Wert die Lösung unelektrisch ist. Es liegt das daran, daß nach der Ionengleichung

$$NaCl = Na^+ + Cl^-$$

aus einem Molekül NaCl ein mit einer positiven Ladung versehenes Na-Ion und ein mit einer negativen Ladung behaftetes Cl-Ion entsteht. Es befinden sich also in jedem Raumteil des Elektrolyten gleichviel positiv geladene und gleichviel negativ geladene Ionen. Da sich ungleichnamige Elektrizitäten in ihrer Wirkung, wenn sie in gleichen Mengen vorhanden sind, aufheben, so muß die Lösung in der Tat unelektrisch erscheinen.

Geht ein Strom durch die Elektrolytlösung, so entsteht in der Flüssigkeit eine von der Anode gegen die Kathode gerichtete elektrische Kraft, und diese bringt eine Bewegung der freien Ionen hervor, und es bewegen sich die positiv geladenen Ionen nach der Kathode, und die negativ geladenen Ionen nach der Anode. Man nennt nun die nach der Kathode wandernden Ionen die Kationen und die nach der Anode wandernden die Anionen. In unserem obigen Beispiel ist also Na^+ das Kation und Cl^- das Anion.

In dem Augenblick, wo ein derartig geladenes Ion, also das positiv geladene Kation die negativ geladene Kathode, und umgekehrt, das negativ geladene Anion die positiv geladene Anode berührt, verlieren die Ionen an den Elektroden ihre elektrischen Ladungen. In dem Moment des Verlustes der Ladung verlieren die Ionen auch die Eigenschaft des Ions, und es sind dann in unserem Beispiel nicht mehr die Ionen Na^+ und Cl^-, sondern die Elemente Na und Cl an den Elektroden vorhanden. Solange ein Strom durch den Elektrolyten geschickt wird, findet eine dauernde Ausscheidung von Reaktionsprodukten bis zur Erschöpfung des gelösten Elektrolyten an den Elektroden statt.

Die elektrolytischen Zersetzungsprodukte, die man an den Elektroden auftauchen sieht, sind also durch die Entladung der Ionen entstanden.

Aus der Anwesenheit der Ionen erklärt sich nun das abnorme osmotische Verhalten der Elektrolytlösungen, von dem wir bei den Betrachtungen dieses Kapitels ausgegangen sind. Es befinden sich infolge der elektrolytischen Dissoziation in der Flüssigkeit mehr frei bewegliche Teilchen als der Molekülzahl entspricht, und daher ergibt sich der erhöhte osmotische Druck.

Wir haben als einfachstes Beispiel der Dissoziation diejenige von NaCl oben angeführt und haben dabei Ionen erhalten, die einwertig in bezug auf ihre Ladung sind (Na^+ und Cl^-). Angenommen, wir lösten Calciumchlorid in Wasser, so würde sich dieser Dissoziationsvorgang folgendermaßen ausdrücken lassen:

$$CaCl_2 = Ca^{++} + 2\,Cl^-$$

Ca^{++} würde also ein zweiwertiges Ion mit doppelter elektrischer Ladung darstellen. Auch hier würde die Lösung wieder elektrisch neutral bleiben, da zu gleicher Zeit zwei einwertig negativ geladene Cl-Ionen entstanden sind. In ganz analoger Weise zerfällt z. B. Ferrichlorid:

$$FeCl_3 = Fe^{+++} + 3\,Cl^-$$

in ein dreiwertiges Kation und drei einwertige Anionen.

Nach der Theorie von Arrhenius beteiligt sich bei der Elektrolyse an der Stromleitung nur ein bestimmter Anteil des Elektrolyten, nämlich die freien Ionen; dieser Teil wird bei der Verdünnung der Lösung immer größer, so daß man annehmen kann, daß bei unendlicher Verdünnung sämtliche Elektrolytmoleküle in die Ionen zerfallen sind. Der dissoziierte Bruchteil des Elektrolyten wird als Dissoziationsgrad α bezeichnet. α hängt also von der Verdünnung ab. Die Dissoziation nimmt mit wachsender Verdünnung zu und ist bei äußerster Verdünnung vollständig. Während sich in einer unendlich verdünnten

Elektrolytlösung nur die Ionen des betreffenden Elektrolyten und keine undissoziierten Moleküle befinden, nimmt mit steigender Elektrolytkonzentration die Zahl der undissoziierten Moleküle zu.

Da nur der dissoziierte Anteil eines Elektrolyten an der Stromleitung beteiligt ist, so leitet ein- und dieselbe Elektrolytmenge den Strom um so besser, in je mehr Lösungsmittel sie verteilt ist. Unter sonst gleichen Umständen besitzt eine Lösung um so größere Leitfähigkeit und um so geringeren Widerstand, je größer der elektrolytisch dissoziierte Bruchteil des in Lösung befindlichen Stoffes ist. Leitvermögen und Ionenkonzentration laufen einander parallel und sind einander proportional.

In jeder Salzlösung befinden sich nach dem Gesagten **Metallkationen** und **Säurerestanionen** (Na^+, Ca^{++}, Fe^{+++} und Cl^-, SO_4^{--}, PO_4^{---} usw.), und trotzdem hat noch nie jemand dieselben isolieren können, wie man etwa die Reindarstellung der undissoziierten Salzmoleküle vorgenommen hat. Die Unmöglichkeit der Isolierung der Ionen liegt in der Eigenschaft, die sie gerade zu Ionen macht, nämlich der elektrischen Ladung.

Ionendiffusion. Kehren wir noch einmal zu unserem ersten Versuch, der mit Wasser überschichteten Kupfervitriollösung zurück, so wissen wir jetzt, daß nicht nur die Moleküle diffundieren, sondern auch die Ionen dem Diffusionsstrom folgen. Es haben nun häufig Kationen und Anionen nicht ein gleichgroßes Diffusionsbestreben, so daß ev. die eine Ionenart der anderen in der Diffusion vorauseilt. Die Folge wird sein, daß, wenn z. B. das positiv geladene Kation schneller in das Wasser hineindiffundiert als das Anion, das Wasser positiv aufgeladen wird, da nicht dieselbe Anzahl negativ geladener Anionen mit diffundiert ist, um die Ladung vollständig zu kompensieren und die Lösung unelektrisch zu machen. Im Wasser überwiegen also um ein Geringes die Kationen, in der Elektrolytlösung dementsprechend die Anionen, so daß die Elektrolytlösung negative Ladung erhält. Es haben sich in der Tat an der Grenzschicht Elektrolytlösung-Wasser elektromotorische Kräfte (Spannungsdifferenzen) feststellen lassen. Es ist das ein Beweis für das wirkliche Vorhandensein von mit Elektrizität beladenen Teilchen in einer Elektrolytlösung.

Dissoziation von Säuren und Laugen. Nachdem wir in einem der vorhergehenden Abschnitte eingehend die Dissoziation der anorganischen Salze besprochen haben, wenden wir uns jetzt den beiden Körpergruppen zu, aus deren Vereinigung chemisch die Salze entstehen, den Säuren und Basen. Auch Lösungen dieser Körper in Wasser zeigen erhöhten osmotischen Druck genau wie die besprochenen Salzlösungen.

Allen Säuren ist nun chemisch der durch Metalle ersetzbare Wasserstoff gemeinsam (HCl, HBr, HJ, H_2SO_4, H_3PO_4, CH_3COOH [Essigsäure] usw.), allen Basen die Gruppe OH (Hydroxylgruppe) (NaOH, KOH, NH_4OH, $Ca(OH)_2$, $Fe(OH)_3$ usw.).

Alle Eigenschaften einer Säure, die wir als charakteristisch für diese Gruppe von Körpern ansehen, wie Rötung von Lackmuspapier, saurer Geschmack, die Fähigkeit mit Basen Salze zu bilden usw., führen wir, da diese Eigenschaften allen Säuren gemeinsam sind, auf den auch allen Säuren gemeinsamen Bestandteil H zurück. Der andere Bestandteil jeder Säure, der Säurerest (Cl, Br, J, SO_4, CH_3COO usw.) ist ja überall anders.

Ebenfalls führt man die alkalischen Eigenschaften der Basen, wie Bläuung von rotem Lackmuspapier, Laugengeschmack, die Fähigkeit mit Säuren Salze zu bilden usw., auf die allen Basen gemeinsame OH-Gruppe zurück; denn nur die OH-Gruppe ist bei allen Basen gleich, das Metall (Na, K, NH_4, Ca usw.) wechselt.

Die Säuren und Basen dissoziieren nun in wäßriger Lösung; der Dissoziationsgrad ist hier das, was man gewöhnlich mit Stärke einer Säure oder Base bezeichnet. Die Dissoziationsgleichung der Salzsäure würde folgendermaßen aussehen:

$$HCl = H^+ + Cl^-$$

H^+ ist das Kation, genau wie das Na^+ im NaCl, und Cl^- das Anion, wobei man letzteres auch als den Säurerest bezeichnet. In einem Salz ist also der Wasserstoff der Säure durch Metall ersetzt,

Natriumhydroxyd würde folgende Dissoziationsgleichung zeigen:

$$NaOH = Na^+ + OH^-$$

wobei wieder Na^+ das Kation und die Gruppe OH^- das Anion darstellt.

Eine Säure ist um so stärker, und es treten die für die Säure charakteristischen Eigenschaften, die allein von dem H-Ion abhängen, um so ausgeprägter in Erscheinung, je mehr sie bei einer bestimmten Konzentration in ihre Ionen zerfällt; denn je weiter eine Säure in ihre Ionen zerfallen ist, um so mehr H-Ionen befinden sich dann in der Volumeinheit. Außer der Lösung bei unendlicher Verdünnung befinden sich also in einer wäßrigen Säurelösung undissoziierte

Moleküle, positiv geladene H-Ionen und die negativ geladenen Säurerest-Ionen, wobei letztere ein- und mehrwertig sein können, z. B. Cl^-, CH_3COO^-, SO_4^{--}, PO_4^{---}; denn es zerfällt nach folgenden Gleichungen:

$$CH_3COOH = H^+ + CH_3COO^-$$
$$H_2SO_4 = 2\,H^+ + SO_4^{--}$$
$$H_3PO_4 = 3\,H^+ + PO_4^{---}$$

Bei den sogenannten mehrbasischen Säuren, die in einem Säuremolekül mehrere durch Metall ersetzbare Wasserstoffatome besitzen, findet allerdings die Dissoziation nicht ganz so statt, wie es die beiden eben aufgestellten Gleichungen zeigen, sondern es spielt sich eine stufenweise Dissoziation ab, auf die später zurückgekommen wird.

Eine Base ist um so stärker, je mehr OH-Ionen sie bei einer bestimmten Konzentration abzudissoziieren vermag, je mehr OH-Ionen sich also in der Volumeinheit befinden.

Nach dem Gesagten sind nun starke Säuren: Salzsäure (HCl), Salpetersäure (HNO_3) und auch Schwefelsäure (H_2SO_4),

mäßigstarke Säuren: Phosphorsäure (H_3PO_4), Essigsäure (CH_3COOH), Milchsäure (CH_3-CHOH-COOH) und überhaupt eine große Zahl organischer Säuren,

schwache Säuren: Kohlensäure (H_2CO_3), Kieselsäure (H_2SiO_3) usw.

Als starke Basen sind anzusehen: Natriumhydroxyd (NaOH), Kaliumhydroxyd (KOH) und etwas schwächer das Hydroxyd des Calciums [$Ca(OH)_2$] usw.

als mäßigstarke Basen: Ammoniak (NH_4OH) und Magnesiumhydroxyd [$Mg(OH)_2$] usw.,

als schwache Basen: die Hydroxyde der anderen zwei- und dreiwertigen Elemente (Eisenhydroxyd, Aluminiumhydroxyd usw.)

Neutrale, saure und alkalische Salze. Bekanntlich vereinigt sich eine Säure mit einer Base in äquivalenten Mengen zu einem Salz unter Wasseraustritt, z. B.

$$HCl + NaOH = NaCl + H_2O.$$

Wir hatten im vorigen Abschnitt gesehen, daß in Wirklichkeit in einer Lösung zum größten Teile gar nicht die Moleküle HCl und NaOH vorliegen, sondern diese zu einem mehr oder weniger großen Teil, je nach ihrem Dissoziationsgrad, in die Ionen, also in H^+ und Cl^- und Na^+ und OH^- zerfallen sind, so daß sich in der Tat die Umsetzung gar nicht nach obiger

Molekülgleichung abspielt, sondern nach der folgenden Ionengleichung:

$$H^+Cl^- + Na^+OH^- = Na^+Cl^- + H_2O \,.$$

(Die Klammern unter den Ionen deuten an, daß diese aus den durch die Klammern gekennzeichneten chemischen Verbindungen entstanden sind.)

Bei einer derartigen Umsetzung, die in diesem Falle einen Neutralisationsvorgang darstellt, reagieren die Ionen und nicht die Moleküle miteinander. Nach der Neutralisation reagiert die Lösung weder alkalisch, noch sauer, sie ist neutral. Es müssen sich demnach in ihr weder freie H^+- noch OH^--Ionen befinden oder gleichviel von beiden, die sich in ihren Eigenschaften aufheben. Welcher Fall der richtige ist, soll an dieser Stelle nicht entschieden werden.

Nehmen wir bei obiger Ionengleichung an, daß das Wassermolekül nicht dissoziiert sei — eine Annahme, die nicht ganz zutrifft —, so befinden sich nach der Neutralisation statt der vier Ionenarten der linken Gleichungsseite in der Lösung nur noch zwei Ionenarten, nämlich die Dissoziationsprodukte des NaCl. In diesem Beispiel hat eine starke Base eine starke Säure neutralisiert, und es ist ein wahres Neutralsalz entstanden, das weder die H-, noch die OH-Ionen der Flüssigkeit vermehrt, also weder eine saure, noch eine alkalische Wirkung herbeiführen kann, wenn der Vorgang sich absolut im Sinne der obigen Ionen-Gleichung abspielt.

Nehmen wir jetzt an, daß das Wasser imstande ist, aus Na^+Cl^- wieder H^+Cl^- und Na^+OH^+ — in welchen geringen Mengen mag dahingestellt bleiben — zu bilden. Wir können uns dann die obige Ionengleichung etwas anders geschrieben denken:

$$H_2O\,(H^+OH^-) + Na^+Cl^- \rightleftarrows Na^+OH^- + H^+Cl^- \,.$$

Diesen Vorgang bezeichnet man als **hydrolytische Dissoziation** oder **Hydrolyse** eines Salzes. Diese Schreibweise einer Gleichung mit Pfeilen statt Gleichheitszeichen bedeutet, daß man sich den Vorgang als eine sogenannte **umkehrbare Reaktion** vorstellt, d. h. daß je nach den Mengenverhältnissen die Gleichung im Sinne des oberen oder unteren Pfeiles verläuft, eine Tatsache, auf die wir noch eingehend in einem der folgenden Kapitel eingehen werden.

Selbst wenn in obigem Beispiel sich eine Reaktion in der

eben angedeuteten Weise abspielen, also eine Hydrolyse des Natriumchlorids nach folgender Gleichung eintreten würde,

$$Na^+Cl^- + H_2O = H^+Cl^- + Na^+OH^-,$$

so hätte auch diese Umsetzung keinen Einfluß auf die Reaktion der Lösung, da die in der Lösung befindliche Salzsäure als starke Säure ebensoviel H-Ionen abspaltet, wie die Natronlauge als starke Base OH-Ionen (nach der Definition der Säuren und Basen), so daß keine der beiden die Reaktion einer Lösung beeinflussenden Ionenarten die Oberhand gewinnt. Es lassen sich diese Vorgänge weder durch reine Ionengleichungen, noch reine Molekulargleichungen formell genau ausdrücken, da sich in einer Lösung sowohl Ionen als auch undissozierte Moleküle befinden, und die Gleichungen diese Mengenverhältnisse nicht zum Ausdruck bringen. Bei hydrolytischer Spaltung eines wahren Neutralsalzes, das stets entsteht, wenn äquivalente Mengen einer Säure und einer Base, die beide von gleicher Stärke sind, sich zu einem Salz vereinigen, wird die Reaktion der Lösung neutral.

Anders werden die Verhältnisse, wenn eine starke Säure sich mit einer schwachen Base zum Salz — immer äquivalente Mengen angenommen — umsetzt. Nehmen wir als Beispiel die Salzbildung zwischen Salzsäure und Ferrihydroxyd — einwertige schwache Basen gibt es nach früheren Ausführungen nicht —, die sich nach der Molekulargleichung folgendermaßen abspielt:

$$3\,HCl + Fe(OH)_3 = FeCl_3 + 3\,H_2O$$

oder nach der Ionengleichung:

$$3\,H^+3\,Cl^- + Fe^{+++}3\,OH^- = Fe^{+++}3\,Cl^- + 3\,H_2O\,.$$

Würde die Umsetzung nur nach dieser Gleichung verlaufen, so müßte auch hier nach der Neutralisation die Lösung neutral reagieren; denn auf der rechten Seite der Gleichung ist weder ein Überwiegen der H- noch der OH-Ionen festzustellen. Die Gleichung sieht genau ebenso aus, wie die Ionen-Gleichung der Umsetzung von Salzsäure mit Natronlauge. In der Tat reagiert aber die Lösung sauer.

Die Sachlage verändert sich nämlich hier durch die hydrolytische Dissoziation des Ferrichlorids, die ein anderes Resultat ergibt, wie die des Natriumchlorids

$$Fe^{+++}3\,Cl^- + 3\,H_2O = Fe^{+++}3\,OH^- + 3\,H^+3\,Cl^-\,.$$

Befinden sich nach dieser hydrolytischen Spaltung in der Tat, wenn auch in noch so geringen Mengen Eisenhydroxyd und Salzsäure im Verhältnis ihrer Äquivalentgewichte in der Lösung, so wird die Salzsäure infolge ihres starken Dissoziationsvermögens als starke Säure mehr H-Ionen in die Lösung senden, als die äquivalente Menge des Ferrihydroxyds als schwache Base OH-Ionen der Lösung mitzuteilen vermag, so daß demnach die H-Ionen überwiegen werden, und die Flüssigkeit saure Reaktion zeigt.

Treten also Säuren mit Basen in äquivalenten Mengen in Umsetzung ein, und ist die Säure viel stärker als die Base, so nimmt die Flüssigkeit saure Reaktion an. Man erhält ein sauer reagierendes Salz, das aber nicht zu verwechseln ist mit einem der Formel nach sauren Salz, wie $KHSO_4$, saures Kaliumsulfat. Besser wäre für letzteres der Ausdruck primäres Kaliumsulfat, denn es ist, wie wir später sehen werden, durchaus nicht notwendig, daß derartige der Formel nach saure Salze wirklich saure Eigenschaften besitzen.

Betrachten wir jetzt den dritten möglichen Fall, die Umsetzung äquivalenter Mengen einer starken Base mit einer schwachen Säure, also z. B. die Salzbildung zwischen Kaliumhydroxyd und Kohlensäure:

$$2\,KOH + H_2CO_3 = K_2CO_3 + H_2O$$
$$\underbrace{2\,K^+ 2\,OH^-} + \underbrace{2\,H^+ CO_3{}^{--}} = \underbrace{2\,K^+ CO_3{}^{--}} + 2\,H_2O.$$

Auch in diesem Falle müßte, wenn keine hydrolytische Spaltung des entstandenen Kaliumkarbonats eintreten würde, die Lösung neutral reagieren. In der Tat zeigt sie alkalische Reaktion.

Befindet sich nach der hydrolytischen Ionengleichung

$$\underbrace{2\,K^+ CO_3{}^{--}} + 2\,H_2O = \underbrace{2\,K^+ 2\,OH^-} + \underbrace{2\,H^+ CO_3{}^{--}}$$

in der Lösung Kaliumhydroxyd und Kohlensäure in äquivalenten Mengen, so wird die Kalilauge infolge ihrer Eigenschaft als starke Base und des damit verbundenen hohen Dissoziationsgrades mehr OH-Ionen in die Lösung abdissoziieren, als die sehr schwach dissoziierte Kohlensäure H-Ionen der Lösung mitzuteilen vermag. Es werden daher die OH-Ionen, die H-Ionen in der Volumeinheit überwiegen und eine Lösung von Kaliumkarbonat wird alkalisch reagieren (Blut).

Zusammenfassend kann man sagen, es reagiert ein Salz neutral, wenn die Säure und die Base, aus denen es entstanden ist, den gleichen Dissoziationsgrad haben. Es reagiert sauer, wenn die Säure stärker dissoziiert ist als die Base, mit der sie sich vereinigt hat, und zwar um so stärker, je größer der Unterschied in den beiden Dissoziationsgraden ist. Ein Salz erteilt der Lösung alkalische Eigenschaften, wenn die Base stärker dissoziiert ist, als die Säure, durch deren Vereinigung das Salz gebildet ist, und zwar um so mehr, je ausgeprägter der Unterschied in den beiden Dissoziationsgraden ist.

Stufen-Dissoziation. (Dissoziation primärer, sekundärer und tertiärer Salze.)

Betrachten wir noch einmal die Dissoziationsgleichung der Salzsäure

$$HCl = H^+ + Cl^-,$$

so ist das die einzige Dissoziationsmöglichkeit einer einbasischen Säure. Anders liegen die Verhältnisse bei mehrbasischen Säuren, also z. B. Schwefelsäure. In der Regel findet bei ihnen die Dissoziation nicht nach der einfachen Dissoziationsgleichung statt

$$\text{I. } H_2SO_4 = 2\,H^+ + SO_4^{--},$$

sondern es spielt sich eine stufenweise Dissoziation im Sinne der folgenden Gleichungen ab:

$$\text{I a. } H_2SO_4 = H^+ + HSO_4^-$$
$$\text{I b. } HSO_4^- = H^+ + SO_4^{--}$$

Es stellen diese beiden Gleichungen durchaus nicht eine einfache Zerlegung der ersten Gleichung dar, wie es rein formell erscheint, sondern der Zerfall der Gleichung Ia ist ein anderer, als der der Gleichung Ib. Es liegt bei mehrbasischen Säuren der Fall gewöhnlich so, daß das erste H-Ion sehr leicht abdissoziiert und die folgenden dann immer schwieriger. Es würde also z. B., willkürliche Zahlen angenommen, in obiger Gleichung heißen, H_2SO_4 zerfällt nach Gleichung Ia in H^+ und HSO_4^- zu 90 % und das HSO_4^- seinerseits dagegen in H^+ und SO_4^{--} nur zu 30 % bei einer gegebenen Konzentration.

Ganz analog verhalten sich die zweibasische Kohlensäure

$$\text{a) } H_2CO_3 = H^+ + HCO_3^-$$
$$\text{b) } HCO_3^- = H^+ + CO_3^{--}$$

und die dreibasische Phosphorsäure

$$\text{a) } \quad H_3PO_4 = H^+ + H_2PO_4^-$$
$$\text{b) } H_2PO_4^- = H^+ + HPO_4^{--}$$
$$\text{c) } HPO_4^{--} = H^+ + PO_4^{---}.$$

H_3PO_4 dissoziiert stark in $H^+ + H_2PO_4^-$; $H_2PO_4^-$ verhält sich wie eine schwächere Säure und dissoziiert schwach in $H^+ + HPO_4^{--}$; HPO_4^{--} endlich dissoziiert wie eine sehr schwache Säure fast gar nicht in $H^+ + PO_4^{---}$.

Man muß sich mit den Dissoziationsverhältnissen gerade der Phosphorsäure, aber auch der Kohlensäure vertraut machen, da diese beiden Säuren physiologisch eine große Rolle spielen, und ihre Bedeutung, wie wir noch sehen werden, auf der Stufendissoziation beruht.

Wir hatten im vorigen Abschnitt ausgeführt, daß Kaliumkarbonat (K_2CO_3) in der Lösung alkalisch reagiert. Es handelt sich nun um die Frage, welche Reaktion das sogenannte saure Kaliumkarbonat oder primäre Kaliumkarbonat ($KHCO_3$) zeigt. Es reagiert ebenfalls alkalisch. Das wird verständlich aus der stufenweisen Dissoziation der Kohlensäure.

$$\text{a)} \quad KHCO_3 = K^+ + HCO_3^-$$
$$\text{b)} \quad HCO_3^- = H^+ + CO_3^{--}.$$

Während die Dissoziation a) nach obigen Ausführungen weitgehend ist, ist der Zerfall b) sehr gering, so daß durch diese Dissoziation auch sehr wenig H-Ionen in die Lösung gelangen. Diese Menge ist so gering, daß die OH-Ionen, die durch die hydrolytische Spaltung des Bikarbonats im Sinne der folgenden Gleichung

$$\underbrace{K^+ HCO_3^-}_{} + H_2O = \underbrace{K^+ OH^-}_{1} + \underbrace{2H^+ CO_3^{--}}_{2},$$

infolge der großen Dissoziation des Kaliumhydroxyds entstehen, noch mehr betragen, als die H-Ionen der Gleichung b), vermehrt um die H-Ionen der bei der Hydrolyse neben der Kalilauge (1) nach eben aufgestellter Gleichung in äquivalenter Menge entstandenen Kohlensäure (2).

Aus diesen Ausführungen ergibt sich der Zusammenhang zwischen der Alkalität eines Wassers und dem Karbonatgehalt und die Ausnahmestellung der Karbonate als alkalisch reagierende Salze unter den Wassersalzen im Gegensatz zu den übrigen Salzen des Wassers $MgSO_4$, $CaSO_4$, $NaCl$ usw. als wahren Neutralsalzen nach den Ausführungen des vorigen Abschnittes.

Noch komplizierter in bezug auf die Reaktion als bei den Karbonaten liegen die Verhältnisse bei den primären, sekundären und tertiären Salzen der Phosphorsäure. Es reagiert primäres Kaliumphosphat (KH_2PO_4) sauer, sekundäres Kaliumphosphat (K_2HPO_4) schwach alkalisch und tertiäres Kaliumphosphat (K_3PO_4) stark alkalisch. Der Grund für diese verschiedenartige Reaktion der drei Phosphate ist nach dem, was über die verschiedene Dissoziierbarkeit der drei Wasserstoffatome des Phosphorsäuremoleküls gesagt worden ist, verständlich.

Primäres Kaliumphosphat zerfällt nach folgender Dissoziationsgleichung:

$$KH_2PO_4 = K^+ + H_2PO_4^-.$$

Tritt eine hydrolytische Spaltung des Salzes nach folgender Formel ein,

$$\underbrace{K^+ H_2PO_4^-} + H_2O = \underbrace{K^+ OH^-} + \underbrace{H^+ H_2PO_4^-},$$
$$\quad 1 \qquad\qquad 2$$

so wird, da dem starken Zerfall des durch die Hydrolyse entstandenen Kaliumhydroxyds (1) in OH-Ionen ein Zerfall gleicher Größenordnung des ersten H-Atoms der entstandenen Phosphorsäure (2) in H-Ionen gegenübersteht, die Wirkung der OH-Ionen paralysiert, und es tritt ein Übergewicht an H-Ionen in der Lösung ein, durch die nach Gleichung b) der vorigen Seite weiter erfolgende Dissoziation von $H_2PO_4^-$ in H^+ und HPO_4^{--}. Es müssen nach diesen Ausführungen primäre Phosphate sauer reagieren.

Das sekundäre Kaliumphosphat reagiert schwach alkalisch.

$$K_2HPO_4 = 2K^+ + HPO_4^{--}.$$

Die hydrolytische Spaltung des Salzes würde sich nach folgender Formel abspielen:

$$\underbrace{2K^+ HPO_4^{--}} + 2H_2O = \underbrace{2K^+ 2OH^-} + \underbrace{3H^+ PO_4^{---}}$$

oder wenn man den Vorgang in zwei Phasen zerlegt

$$a) \quad \underbrace{2K^+ HPO_4^{--}} + H_2O = \underbrace{K^+ OH^-} + \underbrace{H^+ KHPO_4^-}$$
$$\qquad\qquad\qquad\qquad\qquad 1 \qquad\qquad 2$$

$$b) \quad \underbrace{K^+ HPO_4^{--}} + H_2O = \underbrace{K^+ OH^-} + \underbrace{H^+ HPO_4^{--}}.$$
$$\qquad\qquad\qquad\qquad\qquad 3 \qquad\qquad 4$$

Die Gleichung a) entspricht der Gleichung des hydrolytischen Zerfalles des primären Phosphats. Die Wirkung der hier entstandenen OH-Ionen (1) wird nach den obigen Gründen durch (2) aufgehoben. Es erfolgt aber nun eine weitere hydrolytische Spaltung b), wobei auch wieder Kaliumhydroxyd (3) entsteht, dessen großem Betrag an OH-Ionen nun aber nicht mehr ein gleicher Betrag des zweiten H-Atoms der Phosphorsäure (4) an H-Ionen gegenübersteht, da bekanntlich das zweite H-Atom der Phosphorsäure wie bei einer schwachen Säure dissoziiert, so daß hier der Fall der hydrolytischen Spaltung des Salzes einer starken Base mit einer schwachen Säure vorliegt, die bekanntlich zu alkalischer Reaktion führt. Gegenüber diesem Überschuß an OH-Ionen kommt die ganz minimale Vermehrung der H-Ionen durch die Dissoziation des HPO_4^{--} nach Gleichung c) der Seite 38 gar nicht in Betracht.

Das tertiäre Kaliumphosphat reagiert stark alkalisch

$$K_3PO_4 = 3K^+ + PO_4^{---}.$$

Die hydrolytische Spaltung verläuft folgendermaßen:

$$3K^+PO_4^{---} + 3H_2O = 3K^+3OH^- + 3H^+PO_4^{---}.$$

Dieser Vorgang läßt sich in drei Gleichungen zerlegen:

$$\text{a)} \quad \underbrace{3K^+PO_4^{---}} + H_2O = \underbrace{K^+OH^-}_{1} + \underbrace{H^+K_2HPO_4^-}_{2}$$

$$\text{b)} \quad \underbrace{2K^+PO_4^{---}} + H_2O = \underbrace{K^+OH^-}_{3} + \underbrace{H^+KPO_4^{--}}_{4}$$

$$\text{c)} \quad \underbrace{K^+PO_4^{---}} + H_2O = \underbrace{K^+OH^-}_{5} + \underbrace{H^+PO_4^{---}}_{6}$$

Die ersten beiden Phasen a) und b) verlaufen nach den Ausführungen über das sekundäre Phosphat, führen also allein schon zu einer alkalischen Reaktion. Nun erfolgt aber eine weitere hydrolytische Spaltung des zweiwertigen Anions KPO_4^{--} nach Gleichung c). Den OH-Ionen, die durch die Dissoziation des Kaliumhydroxyds (5) in die Lösung gelangen, stehen nur die ganz minimalen Mengen von H-Ionen zur Abschwächung gegenüber, die durch die geringfügige Dissoziation des dritten H-Atoms der Phosphorsäure (6) sich bilden. Es erfolgt also gegenüber dem sekundären Phosphat beim tertiären Salz eine ganz bedeutende Verstärkung der alkalischen Eigenschaften.

Wir sind auf die Dissoziationsverhältnisse der Salze der Phosphorsäure so ausführlich eingegangen, weil die Aziditäts- und Alkalitätsverhältnisse physiologischer Flüssigkeiten, so der Würze, des Bieres, von Gersten- und Malzauszügen, in weitgehendem Maße auf primäre und sekundäre Phosphate zurückzuführen sind, und die gemachten Ausführungen erst das Verständnis dafür geben, warum primäres Phosphat sauer, sekundäres und tertiäres Salz alkalisch reagieren müssen.

Amphotere Elektrolyte. Wir hatten gesehen, daß eine Säure dadurch charakterisiert ist, daß sie H-Ionen in die Lösung abzudissoziieren vermag, eine Base dadurch, daß sie OH-Ionen der

Lösung mitteilt. Eine Lösung, die eine Säure enthält, ist immer nur imstande eine Base durch Salzbildung an sich zu binden; die Lösung, die eine Base enthält, kann immer nur eine Säure in analoger Weise neutralisieren. Bei den einheitlichen Körpern, die wir bis jetzt betrachtet haben, besteht also stets nur ein einseitiges Bindungsvermögen für Basen oder Säuren.

Die Ampholyte oder amphoteren Elektrolyte, z. B. die Aminosäuren, sind nun Körper, die sowohl H- wie OH-Ionen in eine Lösung auszusenden vermögen. Es liegt das an ihrer chemischen Konstitution, die als allgemeine Formel geschrieben folgendermaßen ist: (H)R(OH), wobei H bedeutet, daß in dem Ampholytmolekül eine Säuregruppe enthalten ist, die H-Ionen abspalten kann, und OH zeigt, daß eine Basengruppe vorhanden ist, die OH-Ionen abzudissoziieren vermag. Diese Gruppen sind mit irgendeinem Radikal R zu einem einheitlichen Molekül verbunden.

Der Ampholyt, in Wasser gelöst, erteilt diesem 1. neutrale Reaktion, d. h. die Wasserreaktion wird nicht verändert, wenn er ebensoviel H- wie OH-Ionen abdissoziiert oder mit anderen Worten, wenn der Dissoziationsgrad für H- und OH-Ionen gleich ist, 2. saure Reaktion, wenn der Säuredissoziationsgrad größer ist als der Basendissoziationsgrad, der Ampholyt also mehr H- wie OH-Ionen abdissoziiert, 3. alkalische Reaktion, wenn der Basendissoziationsgrad größer ist, als der Säuredissoziationsgrad.

Mag nun ein Ampholyt nach Fall 2 oder 3 konstituiert sein, seine amphotere Natur, d. h. seine Doppeleigenschaft als Base und Säure, ist aus der Reaktion der wässerigen Lösung nicht festzustellen; denn diese ist entweder sauer oder alkalisch, genau als ob eine Säure oder eine Base in der Lösung enthalten wäre. Abweichend ist aber das Verhalten bei der Elektrolyse.

Der amphotere Elektrolyt HROH kann nach den vorhergehenden Besprechungen in folgender Weise dissoziieren:

1. $HROH = HR^+ + OH^-$ (basische Dissoziation)

2. $HROH = ROH^- + H^+$ (saure Dissoziation).

Auf eine dritte Art der Dissoziation der Ampholyte, auf die Bildung des sogenannten Zwitterions soll hier nicht eingegangen werden, um die Verhältnisse nicht noch komplizierter zu machen.

Da sich H-Ionen mit OH-Ionen stets sofort zu H_2O vereinigen — wir nehmen wieder wie früher an, daß das Wasser undissoziiert sei —, so liegt in der Lösung eine dem Säuredissoziationsgrad proportionale Menge ROH^- als Anion und eine dem Basendissoziationsgrad proportionale Menge HR^+ als Kation vor, und diesem Verhältnis entsprechend ist auch die Wanderung der Ionen zu den Elektroden bei der Elektrolyse. Des ferneren befinden sich je nach dem Verhältnis der beiden Dissoziationsgrade eine geringe Menge H- oder OH-Ionen in der Lösung.

Aus den beiden Gleichungen ist ersichtlich, daß die amphoteren Elektrolyte, selbst wenn sie stark dissoziiert wären, doch praktisch denselben osmotischen Druck ausüben müssen, wie die Nichtleiter, die streng dem van 't Hoffschen Gesetz folgen. Während bei einem normalen Elektrolyten, wie wir sie bis jetzt immer betrachtet hatten, durch die Dissoziation des Moleküls in Ionen die Teilchenzahl in der Volumeinheit-Flüssigkeit, dem Dissoziationsgrad entsprechend, vermehrt wird, entsteht hier nach Gleichung 1) und 2) aus zwei Molekülen des Ampholyten zusammen nur ein Anion und ein Kation und im Verhältnis zur Größe des Dissoziationsgrades nur eine ganz geringe Menge H- oder OH-Ionen, so daß die Erhöhung des osmotischen Druckes weit hinter dem Wert zurückbleibt, den man nach dem Dissoziationsgrad erwarten müßte. Man erhält so bei Messungen des osmotischen Druckes den Eindruck eines Nichtleiters.

Die wichtigste Eigenschaft, auch besonders in physiologischer Hinsicht, der amphoteren Elektrolyte ist nun aber die, daß sie sowohl mit Säuren infolge der OH-Gruppe und mit Basen infolge des H-Atoms Salze bilden können. In eine saure Lösung gebracht vermindern sie die H-Ionen der Lösung, indem sie nach Gleichung 1) dissoziieren, so daß diese alkalischer wird, und in einer alkalischen Lösung vermindern sie die OH-Ionen und machen diese saurer durch die Dissoziation nach Gleichung 2). Seine basische Natur entfaltet der Ampholyt in saurer Lösung und seine saure Natur in einem alkalischen Medium.

Dissoziation des Wassers. Reines Wasser besteht nicht nur aus Wassermolekülen der Formel H_2O, sondern es ist, allerdings nur in einem außerordentlich schwachen Maße, dissoziiert.

$$H_2O = H^+ + OH^-.$$

Der Beweis liegt darin, daß es selbst in reinstem Zustande eine gewisse Leitfähigkeit besitzt. Da die Dissoziation so gering ist, konnte man das Wasser bei den vorhergehenden Besprechungen als nicht dissoziiert ansehen. Über die Dissoziation des Wassers wird in einem der folgenden Kapitel noch ausführlich gesprochen werden.

IV. Gleichgewichte.

Das Massenwirkungsgesetz. Wir hatten gesehen, daß ein einfacher Elektrolyt, wie z. B. NaCl, wenn er in Wasser gelöst wird, teilweise in seine Ionen Na^+ und Cl^- zerfällt. Dieser Zerfall geht bis zu einem gewissen Gleichgewicht vor sich, der nach folgendem Gesetz geregelt wird:

$$\frac{[NaCl]}{[Na^+] \cdot [Cl^-]} = k \quad \text{oder} \quad [NaCl] = k\,[Na^+] \cdot [Cl^-].$$

Das undissoziierte Molekül NaCl zerfällt in die Ionen in einer Menge, die festgelegt wird durch eine Konstante k. Diese Konstante ist von mehreren Faktoren abhängig, wie Temperatur, Molekülart usw. Die Klammern der Gleichungen bedeuten die Konzentrationen der eingeklammerten Molekül- bzw. Ionenart in Gramm-Molekül bzw. Gramm-Ion pro Liter.

Der reziproke (umgekehrte) Wert von k, das ist also der Wert $\frac{1}{k}$

$$\frac{[Na^+] \cdot [Cl^-]}{[NaCl]} = \frac{1}{k} = K,$$

heißt die **Dissoziationskonstante** K von Natriumchlorid. Auf eine Ableitung des Gesetzes und die Überlegungen einzugehen, die zu diesem Gesetze berechtigen, ist in diesem Rahmen nicht möglich. Es muß als Tatsache hingenommen werden.

Wir haben oben das Massenwirkungsgesetz für einen speziellen Fall aufgestellt. Setzen wir jetzt an Stelle von Natriumchlorid [NaCl] eine beliebige Molekülart [A] und nehmen an, daß an Stelle der Ionen $[Na^+]$ und $[Cl^-]$ zwei neue Molekülarten $[B_1]$ und $[B_2]$ entstanden seien, so kommen wir zu dem einfachsten allgemeinen Fall des Massenwirkungsgesetzes.

$$\frac{[A]}{[B_1] \cdot [B_2]} = k,$$

wobei die Konstante k als die **Affinitätskonstante** der chemischen Reaktion bezeichnet wird.

Verallgemeinern wir jetzt den eben angeführten einfachsten Fall einer chemischen Reaktion, wobei eine Molekülart einfach teilweise in zwei neue Molekülarten wie bei der Dissoziation zerfällt, dahin, daß wir annehmen, ein Molekül A_1 setze sich mit einem Molekül A_2 zu einem neuen Molekül B_1 und B_2 um, so ergibt sich folgender Gleichgewichtszustand:

$$\frac{[A_1] \cdot [A_2]}{[B_1] \cdot [B_2]} = k.$$

Dieser Fall werde durch folgendes Beispiel veranschaulicht:

$$MgSO_4 + BaCl_2 = BaSO_4 + MgCl_2.$$
$$[A_1] \qquad [A_2] \qquad [B_1] \qquad [B_2]$$

Diese Gleichung würde sich also bis zu folgendem Gleichgewichtszustand abspielen:

$$\frac{[MgSO_4] \cdot [BaCl_2]}{[BaSO_4] \cdot [MgCl_2]} = k.$$

Bei steigender Zahl von reagierenden Substanzen und entstehenden Umsetzungsprodukten würde sich also im allgemeinsten Fall das Massenwirkungsgesetz folgendermaßen schreiben:

$$\frac{[A_1] \cdot [A_2] \cdot [A_3] \ldots \ldots}{[B_1] \cdot [B_2] \cdot [B_3] \ldots \ldots} = k.$$

In Worten allgemein ausgedrückt, sagt das Massenwirkungsgesetzt aus: Wenn zwei Stoffe miteinander bei bestimmter Temperatur in Berührung gebracht werden, so hängt der Verlauf der eintretenden Reaktionen nicht allein von der chemischen Natur der Stoffe ab, sondern es kommt auch auf ihre Konzentration an.

Bringt man eine Anzahl reaktionsfähiger Stoffe zusammen und stellt so ein chemisches System her, so wird eine Reaktion vor sich gehen, die nach einer genügend langen Zeit ihr Ende erreicht. Man sagt dann, das System befindet sich im chemischen Gleichgewicht. Im allgemeinen ist nur für bestimmte Bedingungen des Druckes und der Temperatur der Gleichgewichtszustand ein bestimmter und eine Änderung jener Größen hat auch eine Änderung der letzteren im Gefolge. Zu sagen, wann sich ein System im Gleichgewicht befindet, ist sehr schwierig.

Damit ein Stoff A_1 mit einem Stoff A_2 reagieren kann, ist es notwendig, daß sich ihre Moleküle berühren und zusammenkommen. Die Wahrscheinlichkeit für ein solches Zusammentreffen ist um so größer, je mehr Moleküle von jeder Art vorhanden sind, d. h. je größer die Konzentration der beiden Stoffe ist. Bezeichnen wir die in Molen pro Liter ausgedrückte Konzentration mit c_1 und c_2, so ergibt sich für die Reaktionsgeschwindigkeit v folgende Gleichung

$$v = k \cdot c_1 \cdot c_2.$$

k ist eine für die betreffende Reaktion bei gegebener Temperatur charakteristische Konstante, die Geschwindigkeitskonstante heißt. v gibt an, wieviel Mole des Stoffes A_1 und A_2 in der

Zeiteinheit reagieren und verschwinden. Die Geschwindigkeit v ist am Anfang der Reaktion am größten und verlangsamt sich in dem Maße, als die Werte von c_1 und c_2 sich vermindern.

Nach unseren obigen Ausführungen strebt die Reaktion des Stoffes A_1 und A_2 dem durch folgende Gleichung festgelegten Endzustand zu

$$[A_1] \cdot [A_2] = k\,[B_1] \cdot [B_2].$$

Dieses im chemischen Gleichgewicht befindliche System enthält nicht einseitig nur die neuen Produkte oder nur die ursprünglichen Stoffe, sondern beide sind nebeneinander vorhanden.

Es müssen dann die obigen Überlegungen über die Reaktionsgeschwindigkeit auch für die Einwirkung des Produktes B_1 auf den Körper B_2 gelten. Die Konzentrationen c_1' und c_2' dieser Stoffe regeln die Geschwindigkeit v' der rückwärts schreitenden Reaktion im Sinne folgender Gleichung:

$$v' = k' \cdot c_1' \cdot c_2'.$$

k' ist die Geschwindigkeitskonstante der rückwärts schreitenden Reaktion.

Es ist klar, daß der Wettstreit der vorwärts und rückwärts laufenden Reaktionen zu einem Gleichgewicht führt, das dann eingetreten ist, wenn beide Reaktionen gleiche Geschwindigkeit erlangt haben. Es verschwinden also in jedem Moment ebenso viele Moleküle nach der einen Reaktion, wie nach der andern wieder gebildet werden.

Im Gleichgewicht ist also

$$v = v_1,$$

woraus sich ergibt

$$k \cdot c_1 \cdot c_2 = k' \cdot c_1' \cdot c_2'$$

oder umgeformt

$$\frac{c_1' \cdot c_2'}{c_1 \cdot c_2} = \frac{k}{k'} = K.$$

Da wir statt c_1 auch $[A_1]$, und c_2 auch $[A_2]$ usw. schreiben können, denn $[A_1]$ heißt ja nichts anderes als die Konzentration des Stoffes A_1 in Grammol pro Liter, so ergibt sich

$$\frac{[B_1] \cdot [B_2]}{[A_1] \cdot [A_2]} = \frac{k}{k'} = K. \qquad (K = \text{Gleichgewichtskonstante.})$$

Es stellt diese Gleichung den reziproken Wert des obigen Gleichgewichtszustandes

$$\frac{[A_1] \cdot [A_2]}{[B_1] \cdot [B_2]} = k$$

dar. Die Zahl K ist als Quotient der beiden Konstanten k ebenfalls eine Konstante. Die Konzentrationen c_1, c_2 usw. sind veränderlich und ihre Anfangswerte beliebig. Ist aber Gleichgewicht eingetreten, dann haben sie sich so verschoben, daß der Quotient aus ihren mathematischen Produkten stets den Wert K zeigt.

Mit diesen Ausführungen wollen wir die theoretischen Betrachtungen über das Massenwirkungsgesetz schließen, ohne auf den ganz allgemeinen Fall des Gesetzes einzugehen.

Reversible (umkehrbare) Reaktionen. Wir hatten schon früher gesagt, daß ein Elektrolyt um so mehr dissoziiert, in je größerer Verdünnung er sich befindet. Es ließ sich das aus Leitfähigkeitsbestimmungen feststellen. Der Einfluß der Konzentration zeigt sich hier deutlich. In unendlich verdünnten Elektrolytlösungen befinden sich nur Ionen; mit zunehmender Konzentration bilden sich mehr und mehr undissoziierte Moleküle. Es erfolgt also eine Reaktion nur durch Veränderung der Konzentration. Wir haben an diesem Beispiel den typischen Fall einer reversiblen oder umkehrbaren Reaktion vor uns. Denn wenn man eine äußerst verdünnte Kochsalzlösung z. B., in der nur Na^+ und Cl^- enthalten sind, eindampft, so geht die bei der Auflösung erfolgte Dissoziation zurück, und es bilden sich undissoziierte Moleküle neben den Ionen. Von welcher Seite des umkehrbaren Reaktionsprozesses man also auch ausgeht, es entstehen Gemische der verschiedenen sich miteinander umwandelnden Stoffe.

Man drückt in einfachster Weise aus, daß die Reaktion sich bis zu einem durch eine Konstante k definierten Gleichgewichtszustand abspielt, indem man die obige Gleichung folgendermaßen schreibt

$$NaCl \rightleftharpoons Na^+ + Cl^-.$$

Wird zu einer Lösung von Natriumchlorid mehr Wasser hinzugefügt, so verläuft die Reaktion im Sinne des oberen Pfeiles — die Dissoziation nimmt zu — wird Wasser entfernt, so verläuft die Reaktion im Sinne des unteren Pfeiles — die Dissoziation nimmt ab. — Den ersten Fall kann man auch erreichen, wenn man die Wassermenge unverändert läßt, und Natriumchlorid auf irgendeine Weise aus der Lösung entfernt, den zweiten Fall, wenn man mehr Natriumchlorid der Lösung hinzufügt.

Es ist ersichtlich, wie der Dissoziationsgrad eines Elektrolyten willkürlich durch Konzentrationsänderungen verändert werden kann.

Die Beeinflussung des Dissoziationsgrades eines Elektrolyten ist der einfachste Fall einer umkehrbaren Reaktion. Als ein kompliziertes Beispiel einer typischen reversiblen Reaktion soll noch folgende Umsetzung behandelt werden und zwar diejenige zwischen primärem Kaliumphosphat und Kaliumbikarbonat in der Kälte und beim Kochen, die brautechnisch das Beispiel der Umsetzung von primären Würzephosphaten mit den Karbonaten des Brauwassers darstellt:

$$KH_2PO_4 + KHCO_3 = K_2HPO_4 + H_2CO_3.$$

Die Umsetzung findet bis zu einem bestimmten Gleichgewichtszustand statt, der in seinen Mengenverhältnissen durch folgende Gleichung festgelegt ist:

$$\frac{[KH_2PO_4] \cdot [KHCO_3]}{[K_2HPO_4] \cdot [H_2CO_3]} = k$$

oder

$$[KH_2PO_4] \cdot [KHCO_3[= k [K_2HPO_4] \cdot [H_2CO_3].$$

Schreibt man die oberste Gleichung als Pfeilgleichung, so ist damit in einfachster Weise die Tatsache der umkehrbaren Reaktion dargestellt.

$$KH_2PO_4 + KHCO_3 \rightleftarrows K_2HPO_4 + H_2CO_3.$$

Sehen wir im folgenden ganz von einer Dissoziation der vier einzelnen Gleichungskomponenten ab, so würde durch eine mehr oder weniger starke Verdünnung der Salzlösung das Gleichgewicht nicht verschoben werden, da in obiger Formel das Wasser keine Rolle spielt. Das obige Gleichgewicht ist also — wohl gemerkt, wenn man von der Dissoziation absieht — von der Verdünnung unabhängig und nur von den Mengenverhältnissen der vier Komponenten untereinander abhängig.

Hat sich in der Lösung der endgültige Gleichgewichtszustand eingestellt, so ist er im Sinne des oberen Pfeiles bei gegebener Menge von $KHCO_3$ stets dadurch zu verschieben, daß auf der linken Gleichungsseite die Menge an KH_2PO_4 vermehrt wird oder auf der rechten Gleichungsseite die Menge an H_2CO_3 vermindert wird, und im Sinne des unteren Pfeiles bei gegebener Menge von $KHCO_3$ dadurch zu ändern, daß auf der linken Gleichungsseite die Menge an KH_2PO_4 vermindert oder auf der rechten Seite an H_2CO_3 vermehrt wird. Bei gegebener Menge an KH_2PO_4 läßt sich die Reaktion in der Richtung des oberen Pfeiles beeinflussen, wenn auf der linken Gleichungsseite $KHCO_3$ vermehrt oder auf der rechten Seite H_2CO_3 vermindert wird, im entgegengesetzten Sinne, wenn links $KHCO_3$ vermindert oder rechts H_2CO_3 vermehrt wird. In ganz analoger Weise ergibt sich die Verschiebung, wenn K_2HPO_4 oder H_2CO_3 nicht variiert werden. Man sieht die außerordentliche Variabilität dieses Systems. Das Charakteristische für die reversiblen Reaktionen ist, daß die Ausgangsstoffe nicht vollkommen verschwinden, sondern nach Einstellung des Gleichgewichtszustandes teilweise erhalten bleiben.

Sogenannte irreversible (nicht umkehrbare) Reaktionen. Bringt man gleiche Mengen von Schwefelsäure oder eines schwefelsauren Salzes mit einem löslichen Bariumsalz bei beliebigen Konzentrationen zusammen, so erhält man immer die gleiche Menge Bariumsulfat. Auf dieser Tatsache gründet sich ja die quantitative Bestimmung der Schwefelsäure, z. B.

$$Mg\,SO_4 + BaCl_2 = BaSO_4 + MgCl_2.$$

Nach dieser Überlegung wären also im Gegensatz zu einer reversiblen Reaktion die Ausgangsprodukte vollkommen verschwunden, und allein die beiden Körper der rechten Gleichungsseite wären in der Lösung vorhanden. Praktisch ist dies auch in der Tat der Fall, aber nicht theoretisch. Die Mengen der linken Gleichungsseite sind nur so klein, daß sie außerhalb unserer analytischen Nachweismöglichkeiten liegen. Auch diese Umsetzung gehorcht dem Massenwirkungsgesetz, wie wir es schon im ersten Abschnitt beschrieben haben, und der Endzustand läßt sich durch die folgende Gleichung darstellen:

$$\frac{[MgSO_4]\cdot[Ba\,Cl_2]}{[BaSO_4]\cdot[Mg\,Cl_2]} = k$$

Es ist im Falle der typischen reversiblen Reaktion, wenn man von der allgemeinen Formel ausgeht

$$\frac{[A_1]\cdot[A_2]\cdot[A_3]\cdots\cdots}{[B_1]\cdot[B_2]\cdot[B_3]\cdots\cdots} = k,$$

das Zählerprodukt unendlich klein im Verhältnis zum Nennerprodukt, so daß auch die Affinitätskonstante k unendlich klein ist.

Es gibt alle Übergänge zwischen sogenannten irreversiblen und reversiblen Gleichgewichtszuständen. In der Natur kommen keine scharf abgesetzten Grenzen vor, sondern es geht alles allmählich ineinander über.

Nach dem Ausgeführten müßte man eigentlich alle chemischen Reaktionen als Pfeilgleichungen $\longleftarrow\!\longrightarrow$ schreiben oder alle mit einem einfachen Gleichheitszeichen =, von der Tatsache ausgehend, daß alle Umsetzungen reversible Reaktionen sind, und man somit das Bestehen eines Gleichgewichtszustandes nicht besonders zu betonen braucht.

Es hat sich nun aber herausgebildet, daß man die sogenannten irreversiblen Reaktionen durch Gleichheitszeichen = ausdrückt und die Reversibilität, die deutlich nach der Art der Reaktion bemerkbar ist, durch Pfeile $\rightleftharpoons$.

Titration der Azidität und Alkalität einer Lösung. Die Titration der sogenannten Azidität einer Lösung geschieht bekanntlich in der Weise, daß man derselben so lange eine Lauge von bekannter Konzentration z. B. eine n/10-Lauge zusetzt, bis alle Säure neutralisiert ist, und sich das erste Auftreten freier Lauge durch den Farbenumschlag sogenannter Indikatoren, auf die wir später noch zu sprechen kommen, bemerkbar macht.

Angenommen, wir hätten eine Lösung, die Essigsäure und eine andere Lösung, die eine äquivalente Menge Salzsäure enthielte, und zwar hätten wir festgestellt, daß zur Neutralisation in beiden Fällen 1 ccm n/10-Lauge verbraucht wird, so lassen sich die in den beiden Lösungen vor sich gegangenen Reaktionen durch folgende Gleichungen darstellen:

$$1.\ 1\ \text{ccm n/10-}CH_3COOH + 1\ \text{ccm n/10-}NaOH$$
$$= 1\ \text{ccm n/10-}CH_3COONa + H_2O$$

2. $1\ \text{ccm n/10-}HCl + 1\ \text{ccm n/10-}NaOH = 1\ \text{ccm n/10-}NaCl + H_2O$.

Zu der Schreibweise dieser Gleichungen, die später noch häufiger angewendet werden, sei bemerkt, daß mit 1 ccm n/10-CH_3COOH und 1 ccm n/10-$NaOH$ usw. die Gewichtsmenge gemeint ist, die sich in 1 ccm einer n/10-Essigsäure, n/10-Natronlauge usw. befindet. In dieser Annahme würde also Gleichung 1 heißen: die Gewichtsmenge Essigsäure und die Gewichtsmenge Natronlauge, die in je 1 ccm einer n/10-Lösung sind, geben eine Menge Natriumazetat, die in 1 ccm einer n/10-CH_3COONa-Lösung sich befindet.

Im Kapitel III ist angegeben worden, daß Salzsäure zu den sogenannten starken Säuren und Essigsäure als organische Säure zu den mäßig starken Säuren zu rechnen ist. Beide Säuren unterscheiden sich also bedeutend in ihrer Stärke, und trotzdem verhalten sie sich bei der gewöhnlichen Titration mit n/10-Lauge und Phenolphtalein als Indikator genau gleich. Es beruht das auf folgendem:

Die Salzsäure in der Lösung ist nach der Dissoziationsgleichung sehr weitgehend in ihre Ionen zerfallen:

$$1a)\ HCl \rightleftharpoons H^+ + Cl^- \ (\text{stark dissoziiert}).$$

Es hat sich also ein durch diese Gleichung festgelegter Gleichgewichtszustand eingestellt. Wird jetzt zu der Lösung allmählich n/10-Lauge hinzugefügt, so nimmt diese von der rechten Gleichungsseite dauernd die H-Ionen auf Grund der folgenden Umsetzung fort und führt sie in undissoziierte Wassermoleküle über.

$$2a)\quad \underbrace{H^+ Cl^-} + \underbrace{Na^+ OH^-} = \underbrace{Na^+ Cl^-} + H_2O.$$

Infolgedessen muß die Gleichung 1a) immer weiter im Sinne des oberen Pfeiles verlaufen bis überhaupt kein undissoziiertes HCl mehr vorhanden ist. Dann werden bei weiterem Zusatz allmählich auch die sämtlichen Ionen nach Gleichung 2a) vollkommen aufgebraucht werden, und wenn das geschehen ist, erfolgt bei weiterem Laugenzusatz der Umschlag des Indikators.

In ganz analoger Weise spielt sich der Vorgang der Neutralisation bei der schwachen Essigsäure ab. Wenn auch hier von vornherein die Gleichung 1b) sich in einem viel geringeren Grade in der Richtung des oberen Pfeiles abgespielt hat als 1a),

$$1b)\quad CH_3COOH \underset{\longrightarrow}{\longleftarrow} H^+ + CH_3COO^- \text{ (mäßig dissoziiert)},$$

so macht das auf das Schlußresultat nichts aus, da das Gleichgewicht nach Gleichung 2b) doch dauernd gestört wird,

$$2b)\quad \underbrace{H^+ CH_3COO^-} + \underbrace{Na^+ OH^-} = \underbrace{Na^+ CH_3COO^-} + H_2O,$$

und der Umschlag des Indikators erst eintritt, wenn alle undissoziierten Moleküle und alle Ionen neutralisiert sind.

Durch die Titration bestimmt man also die ursprünglich in der Lösung vorhandenen Ionen, die aktuelle Ionen heißen und die im Falle 1a) mehr sind als im Falle 1b), und außerdem noch die H-Ionen, die bei fortschreitender Neutralisation mehr und mehr frei werden und die im Falle 1a) geringer sind als im Falle 1b). Diese Ionen nennt man potentielle Ionen. Die Summe der aktuellen und potentiellen Ionen ist in beiden Fällen gleich, und durch die Titration bestimmt man die Summe beider Ionenarten.

Äquivalente Mengen einer jeden Säure von verschiedenster Stärke, abgesehen von den ganz schwachen, geben nach den gewöhnlichen Tritationsmethoden mit Farbindikatoren dasselbe Resultat. Es kann demnach der Gehalt einer Lösung an aktuellen H-Ionen als Maß der Azidität nicht titrimetrisch bestimmt werden.

In ganz analoger Weise wie die Titrationsazidität läßt sich die sogenannte Titrationsalkalität einer Lösung durch Zusatz einer n/10 Säure bestimmen. Auch hierbei reagieren äquivalente Mengen einer jeden Base von verschiedener Stärke gleich, und so kann auch der Gehalt einer Lösung an OH-Ionen als Maß der Alkalität nicht titriert werden.

Die Titration von primärem Phosphat nach Lüers. Bei den Neutralisationsvorgängen des vorigen Abschnittes waren die entstehenden Reaktionsprodukte, die Salze, als neutral, also indifferent gegen die Indikatoren anzusehen. Bei der Titration von primärem Phosphat, das bekanntlich nach den Ausführungen des Kapitels III sauer reagiert, entsteht nun durch den Zusatz von n/10 Lauge zu der Lösung ein deutlich alkalischer Körper, das sekundäre Phosphat, dessen alkalische Eigenschaften ebenfalls im Kapitel III ausführlich behandelt worden sind, nach der folgenden Gleichung:

$$\text{I a.} \quad KH_2PO_4 + KOH = K_2HPO_4 + H_2O.$$

Angenommen, es befinde sich in einer Lösung eine Menge von primärem Phosphat (KH_2PO_4), die 1,0 ccm einer n/10 Lösung entspreche — eine solche Lösung ist sehr leicht herzustellen, indem man den zehnten Teil des Molekulargewichts von KH_2PO_4 im Liter löst und 1,0 ccm dieser Lösung evtl. in entsprechender Verdünnung verwendet, — und man fange nun an, mit n/10 Lauge zu titrieren, so werden genau wie im vorigen Abschnitt zuerst die in der Lösung vorhandenen aktuellen H-Ionen neutralisiert und dann die dadurch aktivierten ursprünglich potentiellen Ionen. Es wird, wenn man Phenolphthalein als Indikator benutzt, der erste rote Farbton schon auftreten, wenn noch nicht eine Umsetzung nach folgender Gleichung quantitativ stattgefunden hat:

$$\text{I b.} \quad 1 \text{ ccm n/10 } KH_2PO_4 + 1 \text{ ccm n/10 KOH}$$
$$= 1 \text{ ccm n/10 } K_2HPO_4 + H_2O,$$

(die Ausdrucksweise der Gleichung ist dieselbe wie Seite 48 erläutert), also wenn 1 ccm n/10 KH_2PO_4 mit 1 ccm n/10 KOH in Reaktion getreten ist, sondern, die Zahl sei willkürlich angenommen, wenn 1 ccm n/10 KH_2PO_4 sich mit 0,9 ccm n/10 KOH umgesetzt hat. Es brauchen nämlich die letzten Mengen der aktuellen H-Ionen zu ihrer Neutralisation nicht mehr die aus der zugesetzten Lauge entstandenen OH-Ionen, sondern sie werden schon durch die aus dem gebildeten sekundären Phosphat entstehenden OH-Ionen neutralisiert. Der erste Überschuß an freien OH-Ionen, bei dem bekanntlich der Indikatorumschlag nach rot bei Phenolphthalein erfolgt, tritt also schon vor der theoretisch zur Umsetzung nach obiger Gleichung erforderlichen Menge an Lauge ein. Man wird also auf diese Weise nicht die ganze Summe der aktuellen und potentiellen H-Ionen des primären Phosphats bestimmen, sondern eine zu kleine Zahl erhalten, wenn man bis zum Auftreten des ersten roten Farbtones titriert.

Um nun trotzdem den Gesamtgehalt an primärem Phosphat bestimmen zu können — die Bestimmung der Gesamtazidität an primärem Phosphat besonders für physiologische Flüssigkeiten ist von Bedeutung — titriert man nicht bis zum Auftreten des ersten roten Farbtones in der Lösung, sondern setzt die Titration in einem geeigneten Apparat bis zu einem fortgeschrittenerem, empirisch ermittelten intensiveren Rot fort, das durch Versuche derartig festgelegt ist, daß die Gleichung 1b) quantitativ erfüllt ist.

Indikatoren. Um den Farbenumschlag eines Indikators beim Wechsel der Reaktion von alkalisch nach sauer und umgekehrt zu verstehen, z. B. Phenolphthalein: sauer — farblos, alkalisch — rot; Lakmus: sauer — rot, alkalisch — blau; Methylorange: sauer — rot, alkalisch — gelb Paranitrophenol: sauer — farblos, alkalisch — gelb; usw., muß man sich noch einmal mit folgendem Gleichgewichtszustand befassen.

Es sei in einer Lösung in geringen Mengen eine sehr schwache Säure vorhanden, die also sehr wenig aktuelle H-Ionen in die Lösung sendet und die die folgende Dissoziationsgleichung habe:

$$HR \rightleftarrows H^+ + R^-.$$

Wir wissen, daß man das Gleichgewicht im Sinne der oberen Pfeilrichtung durch Verdünnung mit Wasser verschieben kann; im Sinne des unteren Pfeiles findet dies statt, wenn wir in der Lösung auf irgendeine Weise eine der Komponenten der rechten Gleichungsseite, also entweder H- oder R-Ionen vermehren. Die Vermehrung der H-Ionen ist nun sehr einfach durch Zusatz irgendeiner starken Säure möglich, so daß damit die Dissoziation der geringen Mengen ganz schwacher Säure durch die hinzugefügten aktuellen H-Ionen praktisch gleich Null gemacht wird. In der sauren Lösung wären demnach praktisch nur undissoziierte Moleküle HR vorhanden.

Angenommen, es hätte nun das undissoziierte Molekül HR der sehr schwachen Säure eine andere Farbe als das Anion R^- — das Kation H^+ ist stets farblos, andernfalls eine jede Säure gefärbt sein müßte, was bekanntlich nicht der Fall ist —, so haben wir den Typus eines Indikators wie Phenolphthalein. Bei ihm ist das undissoziierte Molekül farblos und das Anion rot gefärbt.

In einer sauren Lösung, d. h. einer Lösung, die H-Ionen enthält, ist also das Phenolphthalein farblos, und es bleibt solange farblos, wenn man die Lösung mit einer Lauge zu neutralisieren beginnt, wie noch genügend H-Ionen in der Lösung sind, um die Dissoziation des Moleküls HR zu verhindern. Da es sich um eine sehr schwache Säure handelt, braucht diese Menge nicht sehr groß zu sein. Sinkt nun die Menge der freien H-Ionen in der Lösung unter den Grenzwert, so beginnt die merkliche Dissoziation des Moleküls HR und damit auch die Rötung der Flüssigkeit. Bei weiterem Laugenzusatz erfolgt dann Salzbildung nach folgender Formel:

$$\underbrace{H^+R^-} + \underbrace{Na^+OH^-} = \underbrace{Na^+R^-} + H_2O,$$

wobei natürlich die Flüssigkeit gerötet bleibt, da das Salz NaR auch dissoziiert ist, und somit die roten Phenolphthalein-Anionen in der Flüssigkeit erhalten bleiben.

Der Umschlagspunkt des Indikators liegt also bei einer bestimmten Konzentration der Wasserstoffionen in der Lösung und muß abhängig sein von der Stärke der als Indikator verwendeten Säure. Man wird demnach mit verschiedenen Indikatoren den Umschlagspunkt nicht immer bei dem gleichen Gehalt der Lösung an freien H-Ionen erhalten, eine Tatsache, auf die im folgenden Kapitel noch ausführlich eingegangen wird.

In ganz analoger Weise wie beim Phenolphthalein erfolgt der Umschlag bei Paranitrophenol, das in neuerer Zeit besondere Bedeutung gewonnen hat.

Außer den Indikatoren vom Säuretypus HR werden in der Hauptsache noch Indikatoren vom Basentypus ROH verwendet, deren Dissoziationsgleichung folgende ist:

$$ROH \rightleftharpoons R^+ + OH^-,$$

und deren Dissoziation durch der Lösung hinzugefügte freie OH-Ionen, also durch alkalische Reaktion der Flüssigkeit praktisch gleich Null wird. Ist hier wiederum das undissoziierte Molekül ROH anders gefärbt als das Kation R^+, so erfolgt ein Farbenumschlag, wenn durch Hinzufügen von Säure zu der Lösung soviel OH-Ionen neutralisiert sind, daß sie nicht mehr ausreichen, die Dissoziation des basischen Indikators vollständig zurückzudrängen. Auch hier hängt der Umschlagspunkt wieder von der Stärke der Indikatorbase ab und ist für jeden Indikator basischer Natur mit verschiedener Dissoziationskonstante auch verschieden. Das Beispiel eines basisch funktionierenden Indikators ist Methylorange.

V. Die Wasserstoffionenkonzentration.

Die Nomenklatur der Wasserstoffionenkonzentration. Man bezeichnet als Normalsäure eine solche Säurelösung, die 1 g Wasserstoff = 1 Grammatom Wasserstoff im Liter gelöst enthält. Eine Normalsalzsäure z. B. enthält also HCl = 36,5 g HCl im Liter,
$$\underset{[1]+35,5}{}$$

eine Normalschwefelsäure $H_2SO_4 = \underset{[2\cdot1]+96}{\dfrac{98}{2}}$ g H_2SO_4 im Liter; denn würde ein ganzes Molekulargewicht Schwefelsäure gelöst, so entspräche eine solche Lösung nicht obiger Definition der Normalsäure, da sie 2 g Wasserstoff nach der Formel H_2SO_4 statt 1 g Wasserstoff im Liter enthielte. Eine Normalsalzsäurelösung bezeichnen wir mit n-HCl.

In analoger Weise nennen wir eine Normallaugenlösung eine solche Lösung, die eine Hydroxylgruppe = 17 g im Liter gelöst enthält, also z. B. $\underset{23+[17]}{NaOH} = 40$ g NaOH; $\underset{24+[17\cdot2]}{Mg(OH)_2} = \dfrac{58}{2}$ g $Mg(OH)_2$ usw.

Befindet sich im Liter nicht 1 g H, sondern nur 0,1 g H, also der zehnte Teil eines Grammatoms Wasserstoff, so nennen wir eine solche Lösung eine n/10-Säure, bzw. dieselben Verhältnisse auf eine Lauge übertragen, eine n/10 Lauge. Man kann die Verdünnung fortsetzen und kommt zu n/100, n/1000 usw.-Lösungen.

Statt dieser Bezeichnung n/10, n/100 usw. könnte man auch sagen, eine Normallösung enthält 1 g-Atom Wasserstoff, eine n/10-Lösung enthält 10^{-1} g-Atome Wasserstoff, eine n/100-Lösung 10^{-2}, eine n/1000 10^{-3} und so fort im Liter, **wobei der Exponent der Logarithmus des Nenners der betreffenden Lösung ist.** Nach dieser Ausdrucksweise würde also heißen, daß eine Salzsäure mit einer Konzentration 10^{-3} eine n/1000 Salzsäure ist. Eine Natronlauge mit einer Konzentration 10^{-1} ist eine n/10 Natronlauge.

Diese Lösungen sind also immer bezogen auf 1 g-Atom Wasserstoff bzw. 1 g-Atom Hydroxyl im Liter ohne Rücksicht auf die Stärke der betreffenden Säuren und Basen. Man weiß nichts über das Verhältnis des aktuellen und potentiellen Wasserstoffs bzw. Hydroxyls in der Flüssigkeit, sondern kennt nur die Summe beider, des aktuellen und potentiellen Anteils.

Angenommen, wir nennen jetzt nicht eine solche Säurelösung normal, die 1 g-Atom Wasserstoff oder Hydroxyl im Liter enthält, sondern eine solche Lösung, die 1 g-Ion

Wasserstoff im Liter gelöst hat, so berücksichtigen wir damit nur den aktuellen Teil und nicht den potentiellen. Wir bezeichnen demnach, bezogen auf die Wasserstoffionenkonzentration, eine solche Lösung als normal, die 1 g Wasserstoff als Ion im Liter enthält, ohne Rücksicht auf den evtl. noch vorhandenen, potentiellen Wasserstoff. In analoger Weise würde in bezug auf die Hydroxylionenkonzentration eine solche Lösung normal sein, die 1 g-Ion Hydroxyl im Liter enthielte.

Man könnte also hier auch von n/10, n/100 usw. Lösungen in bezug auf Wasserstoffionen sprechen, hat aber aus Zweckmäßigkeitsgründen die andere Nomenklatur für $n/10 = 10^{-1}$, $n/100 = 10^{-2}$ usw. eingeführt. Da es sich in physiologischen Flüssigkeiten immer um Wasserstoffionenkonzentrationen handelt, die unter der Normalen liegen, läßt man der Einfachheit halber häufig die 10 weg und schreibt nur den Exponenten, bei dem auch noch das Minuszeichen fortgelassen wird, als Maß der Wasserstoffionenkonzentration, in der Annahme, daß jeder weiß, es handele sich dabei um den negativen Exponenten der Zahl 10, den man den Wasserstoffexponenten p_H nennt. Eine n/10-Lösung (10^{-1}) in bezug auf Wasserstoffionen hätte also $p_H = 1$; eine n/100-Lösung (10^{-2}) $p_H = 2$ usw.

Die Dissoziationskonstante des Wassers. Im Kapitel III hatten wir schon kurz auf die Dissoziation des Wassers hingewiesen. Die Dissoziationsgleichung des Wassers ist bekanntlich folgende:

$$H_2O \rightleftharpoons H^+ + OH^-.$$

Nach dem Massenwirkungsgesetz muß sich folgender Gleichgewichtszustand einstellen.

$$1) \quad \frac{[H^+] \cdot [OH^-]}{[H_2O]} = K, \qquad [H^+] \cdot [OH^-] = K[H_2O].$$

Im Verhältnis zur Gesamtzahl der Moleküle ist nun die Zahl der dissoziierten Moleküle so gering, daß man die Konzentration des undissoziierten Wassers gleich der Gesamtkonzentration des Wassers setzen kann, da die Konzentration der undissoziierten Wassermoleküle infolge der minimalen Dissoziation keine meßbare Verminderung erleidet. Es ist daher $[H_2O]$ eine konstante Größe, und wir können daher das Produkt $K[H_2O]$ ebenfalls als eine Konstante schreiben, die wir K_w nennen, und die die Dissoziationskonstante des Wassers darstellt. Die Dissoziationsgleichung des Wassers ist also

$$2) \quad [H^+] \cdot [OH^-] = K_w.$$

Durch mannigfache Meßverfahren hat sich ergeben, daß diese Konstante K_w bei 22° C 10^{-14} oder nach genauen Berechnungen $10^{-14,14}$ beträgt. Da sich diese Zahl nach Gleichung 2 gleichmäßig auf die H- wie die OH-Ionen verteilt, befinden sich in einem Liter Wasser die H- wie die OH-Ionen in einer Konzentration von 10^{-7} oder genauer $10^{-7,07}$ oder von einem zehnmillionstel Gramm-Ion pro Liter, d. h. Wasser ist in bezug auf H-Ionen $\dfrac{n}{10\,000\,000}$ und für OH-Ionen von dem gleichen Wert.

Diese Konstante ermöglicht die Wasserstoffionenkonzentration einer wässrigen Lösung zu berechnen, wenn die Konzentration der OH-Ionen bekannt ist und die Hydroxylionenkonzentration, wenn die Wasserstoffionenkonzentration bekannt ist.

Löst man eine Säure in Wasser, z. B. HCl, so wird dadurch in dem Wasser die Konzentration der Wasserstoffionen vermehrt. Es muß nun aber die durch Gleichung 2) festgelegte Bedingung stets bestehen bleiben, woraus sich ergibt, daß die Konzentration der Hydroxylionen um den gleichen Betrag abnehmen muß, wie die der H^+-Ionen zugenommen hat. Es sei das an folgendem Beispiel erläutert.

Wasser hat bekanntlich die H-Ionenkonzentration $10^{-7,07}$ und die gleiche OH-Ionenkonzentration $10^{-7,07}$. Durch eine Messung sei festgestellt worden, daß nach Zugabe von Salzsäure die Wasserstoffionenkonzentration 10^{-2} betrage, so daß man es also nicht mehr, wie bei reinem Wasser mit einer 0,0000001 n-Lösung, sondern mit einer 0,01 n-Lösung, bezogen auf Wasserstoffionen, zu tun hat. Die OH-Ionenkonzentration dieser Lösung würde sich nach Gleichung 2) ergeben:

$$[OH^-] = \frac{K_w}{[H^+]}; \qquad 10^{-12,14} = \frac{10^{-14,14}}{10^{-2}}$$

oder
$$10^{-12,14} \cdot 10^{-2} = 10^{-14,14}.$$

Die Normalität einer Lösung, bezogen auf OH-Ionen, die auf H-Ionen bezogen 10^{-2} beträgt, beträgt $10^{-12,14}$. Es entspricht demnach einem $p_H = 2$ ein $p_{OH} = 12,14$.

Umgekehrt ist es, wenn eine Base in Wasser gelöst wird. Dann werden die OH-Ionen vermehrt und dementsprechend die H-Ionen vermindert.

Säuren und Basen sind Elektrolyte, die Ionen liefern, die den Wasserionen gleichartig sind. Alle Elektrolyte, die entweder H- oder OH-Ionen abspalten, verändern demnach die Dissoziation des Wassers. Außer den Säuren liefern H-Ionen noch die sauren Salze und außer den Basen OH-Ionen die basischen Salze, auf welche Körpergruppen eingehend im Kapitel III eingegangen worden ist. Nur Elektrolyte, die weder H- noch OH-Ionen abspalten, verändern die Dissoziation des Wassers nicht. Allein diese kann man als wahre Neutralsalze bezeichnen, z. B. NaCl, $NaNO_3$ usw.

Der wahre Neutralpunkt. Eine jede wäßrige Lösung enthält nach diesen Ausführungen, mag sie sauer, alkalisch oder neutral sein, sowohl H-, wie OH-Ionen. Enthält eine Lösung gleichviel H- wie OH-Ionen, so ist sie neutral, und zwar befindet sich in ihr nach der Dissoziationsgleichung des Wassers $10^{-7,07}$ an H- bzw. OH-Ionen Normalität. Hat eine wäßrige Lösung mehr als $10^{-7,07}$ Wasserstoffionen, ist sie sauer, weniger als $10^{-7,07}$, ist sie alkalisch. Da die H-Ionen einer Lösung mit den OH-Ionen durch die Dissoziationsgleichung des Wassers in einem festen Verhältnis zueinander stehen, ist die Reaktion einer Flüssigkeit allein durch die Wasserstoff- oder Hydroxylionenkonzentration fest definiert. Es hat sich nun eingebürgert, allein die Wasserstoffionenkonzentration und nicht die Hydroxylionenkonzentration als Grundlage der Reaktion einer Flüssigkeit zu benutzen.

Es würde sich demnach zusammenfassend ergeben:

$$[H^+] = 10^{-7,07} \quad \text{oder} \quad p_H = 7,07 = \text{neutrale Reaktion.}$$

Wert größer als $[H^+] = 10^{-7,07}$ oder p_H kleiner als 7,07,

$$\text{z. B. } [H^+] = 10^{-4} \quad \text{oder} \quad p_H = 4 = \text{saure Reaktion.}$$

Wert kleiner als $[H^+] = 10^{-7,07}$ oder p_H größer als 7,07,

$$\text{z. B. } [H^+] = 10^{-9} \quad \text{oder} \quad p_H = 9 = \text{alkalische Reaktion.}$$

Statt Wasserstoffionenkonzentration gebraucht man auch häufig den Ausdruck Wasserstoffzahl.

Durch die vorhergehenden Ausführungen sind wir zu einer absolut klaren Definition und zahlenmäßigen Festlegung der neutralen, sauren und alkalischen Reaktion einer Flüssigkeit unabhänig von irgendwelchen Indikatoren gekommen.

Die Wasserstoffionenkonzentration und die titrimetrisch ermittelbare Gesamtazidität und -Alkalität einer Lösung. In einem Abschnitt des Kapitels IV hatten wir auseinandergesetzt, warum bei der Ermittelung der sogenannten Gesamtazidität und -Alkalität einer Lösung mit Hilfe von Farbindikatoren äquivalente Mengen einer starken und schwachen Säure bzw. Base dasselbe Resultat ergeben. Es liegt das daran, daß mit diesen Methoden die Summe der aktuellen und potentiellen Wasserstoff- bzw. Hydroxylionen ermittelt wird, die bei äquivalenten Mengen gleich ist.

Durch die Bestimmung der Wasserstoffionenkonzentration in einer Lösung — auf die Methode, die das ermöglicht, wird am Ende dieses Kapitels kurz eingegangen werden — ist man nun imstande die aktuellen Ionen allein zu ermitteln. Die Methode gestattet den augenblicklichen Aziditätszustand einer Lösung zu ermitteln und gerade den Teil einer Säure oder Base, der ionisiert ist, der also die spezifischen Säure- und Basenwirkungen ausübt, zu bestimmen.

Wie wir sehen werden, spielt in physiologischen Flüssigkeiten die Wasserstoffionenkonzentration eine bedeutende Rolle, und die Gesamtazidität tritt dagegen oft in den Hintergrund.

Die Wasserstoffionenkonzentration und der Wasserstoffexponent einiger Normalsäuren und -Basen. Zur Veranschaulichung der Unabhängigkeit der Wasserstoffionenkonzentration und des Wasserstoffexponenten, also der sogenannten Ionenazidität, von der Gesamtazidität oder Titrationsazidität, zur Veranschaulichung des großen Unterschiedes zwischen starken und schwachen Säuren und Basen in bezug auf die in der Überschrift angegebenen Werte sei eine kleine von Michaelis aufgestellte Tabelle angeführt:

Gesamtazidität (Normalität bezogen auf aktuelle und potentielle Ionen).	Wasserstoffionenkonzentration	18° C Wasserstoffexponent
	Normalität, bezogen auf aktuelle Ionen.	
	$[\mathrm{H}^+]$	p_{H}
n Salzsäure	$8 \cdot 10^{-1}$	0,10
n Essigsäure	$4,3 \cdot 10^{-3}$	2,366
0,1 n Salzsäure	$8,4 \cdot 10^{-2}$	1,071
0,1 n Essigsäure	$1,36 \cdot 10^{-3}$	2,866
0,01 n Salzsäure	$9,5 \cdot 10^{-3}$	2,022
0,01 n Essigsäure	$4,3 \cdot 10^{-4}$	3,366
0,001 n Salzsäure	$9,7 \cdot 10^{-4}$	3,013
0,001 n Essigsäure	$1,36 \cdot 10^{-4}$	3,866

Es ist aus der Tabelle, besonders an den Wasserstoffexponenten sehr gut zu sehen, wie mit zunehmender Verdünnung sich die Unterschiede zwischen den beiden Säuren in bezug auf ihre Stärke immer mehr ausgleichen; denn bei unendlicher Verdünnung unterscheiden sie sich bekanntlich infolge vollkommener Ionisation überhaupt nicht mehr an Stärke.

Gesamtazidität (Normalität bezogen auf aktuelle und potentielle Ionen).	Wasserstoffionen-konzentration	18° C Wasserstoff-exponent
	Normalität, bezogen auf aktuelle Ionen.	
	$[H^+]$	p_H
n Natronlauge	$9,0 \cdot 10^{-15}$	14,05
n Ammoniak	$1,7 \cdot 10^{-12}$	11,77
0,1 n Natronlauge	$8,6 \cdot 10^{-14}$	13,07
0,1 n Ammoniak	$5,4 \cdot 10^{-12}$	11,27
0,01 n Natronlauge	$7,6 \cdot 10^{-13}$	12,12
0,01 n Ammoniak	$1,7 \cdot 10^{-11}$	10,77
0,001 n Natronlauge	$7,4 \cdot 10^{-12}$	11,13
0,001 n Ammoniak	$5,4 \cdot 10^{-10}$	9,27

Der Zusammenhang zwischen Wasserstoffionenkonzentration und Farbindikatoren. Von dem Indikator Methylorange sagt man gewöhnlich, er habe in saurer Lösung rote und in alkalischer Lösung gelbe Farbe, von dem Indikator Phenolphthalein, er sei in saurer Umgebung farblos und in alkalischer rot. Daß die Farbenumschläge auf die Verschiebung der Dissoziationsverhältnisse der als Indikatoren verwendeten schwachen Säuren und Basen zurückzuführen sind, ist im Kapitel IV eingehend besprochen worden.

Nach unserer neuen Definition der neutralen, sauren und alkalischen Lösung würde also obige Behauptung heißen: In einer Lösung, deren p_H kleiner als 7,07 ist, zeigt Methylorange rote Farbe und Phenolphthalein ist farblos, in einer Lösung mit einem p_H größer als 7,07 ist Methylorange gelb und Phenolphthalein rot.

Wir wollen an folgender Titration zeigen, ob das zutrifft oder nicht. Angenommen wir haben eine Phosphorsäurelösung, die 1/10 Molekulargewicht im Liter gelöst enthalte, und die wir der Kürze halber als n/10 in den folgenden Formeln bezeichnen wollen. Von dieser Lösung seien 10 ccm mit n/10 Natronlauge zu titrieren.

Fügt man der Lösung Methylorange als Indikator zu, so wird dieselbe rot, d. h. die Lösung ist so sauer, also so arm an OH-Ionen, daß die Indikatorbase Methylorange vollkommen dissoziiert ist. Es werde nun allmählich n/10 Lauge hinzugefügt und zwar zunächst 10 ccm. Es hat sich dann folgende Umsetzung abgespielt (siehe Erklärung S. 48):

$$10 \text{ ccm } n/10 \text{ } H_3PO_4 + 10 \text{ ccm } n/10 \text{ } NaOH$$
$$= 10 \text{ ccm } n/10 \text{ } NaH_2PO_4 + [H_2O].$$

Es befindet sich demnach nach Zusatz der 10 ccm n/10 Lauge nicht mehr freie Phosphorsäure in der Lösung, sondern 10 ccm n/10 primäres Natriumphosphat. Die Lösung ist immer noch orange gefärbt, d. h. die Hydroxylionenkonzentration der Lösung ist noch so gering, bzw. die Wasserstoffionenkonzentration so groß, daß die Dissoziation des Methyloranges fast vollständig ist.

Kommt jetzt eine neue kleine Menge n/10 Lauge zu der Lösung hinzu, so beginnt die Farbe des Indikators ins Gelbe überzugehen, d. h. die Wasserstoffionenkonzentration des primären Phosphats hat gerade noch ausgereicht, kein undissoziiertes Methylorange entstehen zu lassen, und die erste auftretende Menge sekundären Phosphats führt den Umschlag herbei. Eine Lösung folgender Zusammensetzung wäre also für Methylorange alkalisch.

$$10 \text{ ccm } n/10 \text{ NaH}_2\text{PO}_4 + 0,1 \text{ ccm } n/10 \text{ NaOH}$$
$$= 9,9 \text{ ccm } n/10 \text{ NaH}_2\text{PO}_4 + 0,1 \text{ ccm } n/10 \text{ Na}_2\text{HPO}_4 + [\text{x H}_2\text{O}].$$

Stellen wir uns diese Lösung 10 ccm n/10 H_3PO_4 + 10,1 ccm n/10 Lauge, die also durch Methylorange als alkalische Lösung angezeigt wird, noch einmal her und geben Phenolphthalein hinzu, so bleibt die Lösung farblos, d. h. für Phenolphthalein ist sie sauer. Die Dissoziation der Phenolphthaleinionen wird also noch quantitativ durch eine Wasserstoffionenkonzentration, die für Methylorange schon nicht mehr ausreichend ist, zurückgedrängt. Erst wenn annähernd folgende Gleichung erfüllt ist — in der Tat findet der Umschlag des Indikators nach rot, wie schon früher bei der Titration nach Lüers auseinandergesetzt worden ist, vorher statt — tritt Rotfärbung auf:

$$10 \text{ ccm } n/10 \text{ NaH}_2\text{PO}_4 + 10 \text{ ccm } n/10 \text{ NaOH,}$$
$$= 10 \text{ ccm } n/10 \text{ Na}_2\text{HPO}_4 + [\text{H}_2\text{O}];$$

wenn also die Lösung annähernd eine Lösung von reinem sekundären Phosphat ist. Es liegt demnach der Umschlag für Phenolphthalein bei einer viel geringeren Wasserstoffionenkonzentration der Lösung als für Methylorange. Diese Tatsache erklärt sich daraus, daß die beiden Indikatoren vollkommen verschieden sind. Der eine ist ein Indikator vom Basentypus, der andere vom Säurentypus und jeder mit anderer Dissoziationskonstante.

Nach diesen Ausführungen muß man bei Angabe der Titrationsazidität einer Lösung stets den verwendeten Indikator angeben.

Die vorangegangenen Abschnitte haben bewiesen, daß die beiden Indikatoren des Beispiels bei einer verschiedenen Wasserstoffzahl ihren Umschlagspunkt haben; wir sind aber noch in keiner Weise darüber unterrichtet, bei welchem absoluten Werte er liegt. Da wir, wie schon angegeben wurde, Mittel in der Hand haben, die Wasserstoffionenkonzentration einer Lösung zu bestimmen, macht es keine Schwierigkeit, die Wasserstoffzahl für den Umschlagspunkt des betreffenden Indikators zu ermitteln.

Es hat sich nun eine ganze Indikatorenreihe aufstellen lassen, die das ganze Wasserstoffionenkonzentrationsbereich von $p_H = 0,1$ bis $p_H = 12,7$ umfaßt, so daß man annähernd die Wasserstoffionenkonzentration einer Lösung durch Verwendung solcher Indikatorenreihen ermitteln kann.

Im folgenden sei die Wasserstoffionenkonzentration für die Umschlagspunkte einiger der gebräuchlichsten Indikatoren angegeben.

Indikator	Farbe		p_H
	alkalisch	sauer	
Phenolphthalein . .	rot	farblos	{ 7,8 rot { 7,5 farblos
Lakmus	blau	rot	6,97 blaurot
Neutralrot	orange	rot	{ 8,0 orange { 6,8 rot
p-Nitrophenol . . .	gelb	farblos	{ 6,7 gelb { 6,1 farblos
Methylorange . . .	gelb	rot	{ 4,1 orange { 3,3 rot
Kongorot	rot	blau	{ 4,4 rotmißfarben { 3,8 blaumißfarben
Methylviolett . . .	violett	blau	{ 2,4 violett { 2,05 blau

Die Wasserstoffexponenten der angeführten Indikatoren zeigen, daß beim **Neutralrot und Lakmus** der **Umschlagspunkt dicht beim wahren Neutralpunkt** $p_H = 7,07$ liegt, während z. B. der von Methylorange weit nach der sauren Seite hinein und Phenolphthalein nach der alkalischen verschoben ist.

Puffersysteme. Angenommen, wir geben zu 9 ccm Wasser 1 ccm n-Salzsäure, so haben wir damit eine n/10 Salzsäure vorliegen, deren $p_H = 1,071$ nach der Tabelle S. 57 ist. Angenommen, wir würden die 1 ccm n-Salzsäure nicht zu 9 ccm Wasser zugeben, sondern zu 9 ccm einer Lösung, die eine Menge Natriumazetat gelöst enthalte, die 10 ccm n/10 Natriumazetat entspräche (n/10 Natriumazetat ist eine solche Lösung, die 1/10 Molekulargewicht im Liter gelöst enthält), so würde sich folgende Umsetzung ergeben:

$$10 \text{ ccm } n/10 \text{ } CH_3COONa + 1 \text{ ccm } n/HCl$$
(stark dissoziiert)

$$10 \text{ ccm } n/10 \text{ } CH_3COOH + (NaCl).$$
(schwach dissoziiert)

Die Lösung wäre jetzt nicht eine $n/10$ Salzsäure mit $p_H = 1{,}071$, sondern eine $n/10$ Essigsäure mit annähernd $p_H = 2{,}866$, die eine Spur vollkommen neutrales Kochsalz enthielte. Durch die Anwesenheit des Natriumazetats in dem Wasser ist also die saure Wirkung der Salzsäure vermindert worden; eine solche Abschwächung nennt man auch Pufferung.

Wird durch Anwesenheit von Natriumazetat in einer Lösung eine starke Säure gepuffert, so wird umgekehrt bei Anwesenheit freier Essigsäure die Wirkung einer starken Base, wie z. B. Natronlauge gemildert, da bei Zusatz der Lauge infolge von Azetatbildung nur eine dem geringen Dissoziationsgrad der Essigsäure entsprechende Menge H-Ionen verschwindet und nicht eine dem starken Dissoziationsgrad der Natronlauge entsprechende Menge OH-Ionen der Lösung hinzugefügt wird, wie das ohne Anwesenheit von Essigsäure der Fall sein würde.

Ein Essigsäure-Azetatgemisch puffert demnach alle Säuren und Basen, die stärker dissoziiert sind als die Essigsäure.

Durch eine solche Mischung erhält man Lösungen mit einem relativ kleinen Gehalt an aktuellen H- bzw. OH-Ionen. Es stehen, da in einem solchen Gemisch nur immer der kleinste Teil der Moleküle dissoziiert ist, neben den aktuellen Ionen sehr viele potentielle Ionen zur Verfügung, die, wenn auf irgendeine Weise H- oder OH-Ionen aus der Lösung entfernt werden, infolge der Störung des Dissoziationsgleichgewichtes in aktuelle Ionen umgewandelt werden und so die Wasserstoffionenkonzentration der Lösung annähernd konstant halten.

In einem lebenden Organismus spielt nun nicht das Essigsäure-Azetatgemisch als Puffersystem eine bedeutende Rolle, sondern das System primäres Phosphat — sekundäres Phosphat, das in der Hauptsache die Reaktion der physiologischen Flüssigkeiten reguliert und gegen störende Einflüsse schützt.

In einem Gemisch von primärem und sekundärem Phosphat wird eine starke Base nach folgender Formel gepuffert:

$$KH_2PO_4 + KOH = K_2HPO_4 + H_2O$$
stark   schwach
dissoziiert   dissoziiert

eine starke Säure nach folgender Formel:

$$K_2HPO_4 + HCl = KH_2PO_4 + KCl$$
stark   schwach
dissoziiert   dissoziiert.

Eine Lösung von reinem primären Phosphat hat einen Wasserstoffexponenten $p_H = 4{,}529$, eine solche von reinem sekundären Phosphat $p_H = 9{,}18$. Zwischen diesen beiden Werten müssen alle möglichen Mischungsverhältnisse der beiden Phosphate schwanken, und die Wasserstoffionenkonzentrationen, die durch die beiden angegebenen Wasserstoffexponenten festgelegt sind, können in einem Phosphatgemisch nie überschritten werden, so lange nicht durch die zugesetzten sauren oder alkalischen Körper eines der beiden Salze vollkommen aufgebraucht ist, also ein Überschuß der zu puffernden Substanzen vorhanden ist.

In der folgenden Tabelle sind nun die Wasserstoffexponenten für einige Zwischenwerte von reinem sekundärem Phosphat bis zu reinem primären Salz mit dem Exponenten des sekundärem Salzes beginnend und demjenigen des primären Salzes endigend, angegeben.

m/3 sek. Phosphat ccm	1,0	1,0	1,0	1,0	1,0
m/3 prim. Phosphat ccm	0,0	0,06	0,12	0,25	0,5
Wasser . . .	auf 10 ccm aufgefüllt				
[H+]	$6{,}6 \cdot 10^{-10}$	$1{,}2 \cdot 10^{-8}$	$2{,}5 \cdot 10^{-8}$	$5{,}0 \cdot 10^{-8}$	$1{,}0 \cdot 10^{-7}$
p_H	9,18	7,92	7,60	7,30	7,00

m/3 sek. Phosphat ccm	1,0	0,5	0,25	0,12	0,06	0,0
m/3 prim. Phosphat ccm	1,0	1,0	1,0	1,0	1,0	1,0
Wasser . . .	auf 10 ccm aufgefüllt					
[H+]	$2{,}0 \cdot 10^{-7}$	$4{,}0 \cdot 10^{-7}$	$8{,}0 \cdot 10^{-7}$	$1{,}6 \cdot 10^{-6}$	$3{,}2 \cdot 10^{-6}$	$3{,}0 \cdot 10^{-5}$
p_H	6,70	6,40	6,10	5,80	5,50	4,53

Die Phosphatgemische beherrschen also einen schwach sauren bis sehr schwach alkalischen Wasserstoffionenkonzentrationsbereich in einer Lösung.

Ein ganz ähnliches Puffersystem wie das eben besprochene, das besonders in der lebenden Zelle eine wichtige Rolle spielt, ist dasjenige primäres Phosphat — Bikarbonat — freie Kohlensäure, bei dem die Pufferung alkalischer Einflüsse wieder durch das primäre Phosphat nach der Gleichung der vorigen Seite, die Pufferung saurer Stoffe nach folgender Gleichung durch das Bikarbonat stattfindet:

$$KHCO_3 + \underset{\substack{\text{stark} \\ \text{dissoziiert}}}{HCl} = \underset{\substack{\text{schwach} \\ \text{dissoziiert.}}}{H_2CO_3} + KCl$$

Nach diesen Erörterungen ist es verständlich, wie in einer Lösung durch Puffersubstanzen die Wasserstoffionenkonzentration willkürlich beeinflußt bzw. gegen störende Einflüsse konstant gemacht werden kann. Es ist auch ersichtlich, wie man durch verschiedene Puffersysteme ganz bestimmte Wasserstoffionenkonzentrationsbereiche beherrschen kann.

Die amphoteren Elektrolyte und der isoelektrische Punkt.

Im Kapitel III hatten wir die amphoteren Elektrolyte als solche Körper definiert, die imstande sind, sowohl H- wie OH-Ionen in die Lösung abzudissoziieren, wobei gewöhnlich das Dissoziationsvermögen für die eine Ionenart überwiegt, so daß der Ampholyt einer neutralen Lösung entweder saure oder alkalische Eigenschaften erteilt.

Es waren damals die beiden Dissoziationsgleichungen aufgestellt worden.

1. $HROH \rightleftharpoons HR^+ + OH^-$ (basische Dissoziation)

2. $HROH \rightleftharpoons ROH^- + H^+$ (saure Dissoziation)

Bringt man einen Ampholyten in eine Flüssigkeit mit einer bestimmten Wasserstoffionenkonzentration, so entfaltet er, wie schon im Kapitel III ausgeführt wurde, je nach dem Werte derselben saure oder alkalische Eigenschaften; seine Dissoziationsverhältnisse werden also beeinflußt von der Wasserstoffionenkonzentration des Mediums, in dem er sich befindet.

Es hat sich nun, sowohl durch Versuche, als auch durch theoretisch-mathematische Ableitungen beweisen lassen, daß es einen Wert der Wasserstoffionenkonzentration einer Ampholytlösung gibt, der durch ganz besondere Eigenschaften ausgezeichnet ist, die im folgenden angegeben werden. Der entsprechende Punkt der Wasserstoffionenkonzentration heißt der isoelektrische Punkt der betreffenden Ampholytlösung.

In diesem Punkt ist

1. die Summe der Anionen und Kationen des Ampholyten bei gegebener Gesamtampholytmenge ein Minimum,

2. die Konzentration der Anionen des Ampholyten gleich der der Kationen.

Auf die theoretischen Ableitungen einzugehen, die zu der Annahme berechtigen, daß im isoelektrischen Punkt der Ampholyt in der Tat die angegebenen Eigenschaften besitzt, würde hier zu weit führen, da wir uns dann eingehend mit den komplizierten Dissoziationsverhältnissen der amphoteren Elektrolyte und den Massenwirkungsgleichungen derselben befassen müßten. Andererseits konnte der isoelektrische Punkt nicht ganz aus unseren Betrachtungen fortgelassen werden, da er nicht nur theoretisches Interesse hat, sondern auch von praktischer Bedeutung ist.

Aus der Eigenschaft 2 würde folgen, daß, wenn man den elektrischen Strom durch eine Ampholytlösung leitet, deren Wasserstoffionenkonzentration der des isoelektrischen Punktes entspricht, gleichviel des Ampholyten nach der Anode und gleichviel nach der Kathode wandert, während bei allen anderen Wasserstoffzahlen die Mengen verschieden sein müssen; und zwar muß bei einer Wasserstoffzahl kleiner als der isoelektrische Punkt, mehr des Ampholyten an der Anode sein als an der Kathode und bei einer größeren Wasserstoffzahl umgekehrt.

Durch die Wasserstoffionenkonzentration des isoelektrischen Punktes ist damit auch die Stelle gegeben, von der aus nach der einen Seite der Ampholyt als Säure, nach der anderen Seite als Base reagiert; denn bringt man einen amphoteren Elektrolyten in eine Lösung, deren Wasserstoffionenkonzentration größer ist als der isoelektrische Punkt, verhält er sich wie eine Base. Er vermindert also die Wasserstoffionen der Lösung, und dissoziiert nach der Gleichung der basischen Dissoziation. Bringt man ihn in eine Flüssigkeit, deren Wasserstoffzahl kleiner ist, als der isoelektrische Punkt, verhält er sich wie eine Säure und dissoziiert nach der Gleichung der sauren Dissoziation. Es ist damit für jeden Ampholyten die Wasserstoffionenkonzentration, von der ab er seine sauren bzw. alkalischen Eigenschaften entfalten kann, genau festgelegt.

Die praktische Bedeutung des isoelektrischen Punktes liegt u. a. darin, daß die Ampholyte in ihm ein Löslichkeitsminimum und Koagulationsoptimum erreichen, was physiologisch besonders für die Gruppe der Eiweißkörper, die, worauf wir noch eingehend zu sprechen kommen werden, Ampholyte sind, wichtig ist.

Das Prinzip der Bestimmung der Wasserstoffionenkonzentration in einer beliebigen Lösung. Als Schluß dieses Kapitels sei noch kurz auf die Methodik der Bestimmung der Wasserstoffionen in einer Lösung eingegangen.

Nernst nimmt an, daß, wenn ein beliebiges Metall in eine Flüssigkeit eintaucht, das Metall in die Flüssigkeit mit positiver Elektrizität geladene Metallionen aussendet. Während die Metallplatte ursprünglich keine elektrischen Eigenschaften gezeigt hat, man also annehmen muß, daß auf ihr gleichviel positive und negative Einheiten vorhanden waren, überwiegen jetzt nach Abgabe der positiven Teilchen an die Flüssigkeit die negativen Teilchen, und die Platte (Elektrode) zeigt sich mit freier negativer Elektrizität geladen. Es tritt zwischen ihr und der Lösung ein elektrisches Potential auf, das mit geeigneten Instrumenten meßbar ist.

Das Metall zeigt, wie man es ausdrückt, einen elektrolytischen Lösungsdruck. Die Abspaltung von positiven Metallionen von der Metallplatte würde nun in einer gegebenen Flüssigkeitsmenge dauernd stattfinden, wenn nicht eine Gegenkraft dies verhindern würde. Es haben die positiven Metallionen ihrerseits nämlich das Bestreben, sich auf der negativ geladenen Metalloberfläche wieder zu entladen und sich als unelektrisches Metallatom niederzuschlagen. Die Abspaltung von Metallionen von der Plattenoberfläche wird also aufhören, wenn dieser sogenannte Entladungsdruck der Metallionen infolge zunehmender Konzentration derselben in der Flüssigkeit gleich geworden ist dem elektrolytischen Lösungsdruck. Der elektrolytische Lösungsdruck eines Metalls ist nun eine konstante Größe.

Angenommen, es befinden sich nun schon von vornherein geladene Ionen des betreffenden Metalls in der Lösung, in die die Platte eingetaucht wird, also z. B. wenn eine Kupferplatte in Kupfervitriollösung taucht, so kann die Platte nicht soviel positiv geladene Kupferionen abgeben, als sie das in reinem Wasser tun würde. Sie kann sich also im ersten Fall auch nicht so stark negativ aufladen wie im zweiten Falle, so daß das meßbare Potential der Platte jetzt kleiner wäre. Das Potential der Platte wird also nur durch die in der Lösung befindlichen Ionen des betreffenden Elektrodenmetalls bzw. deren Entladungsdruck und nicht durch die undissoziierten Moleküle und auch nicht durch irgendwelche anderen Ionen bestimmt, die eventuell noch in der Lösung vorhanden sein können.

Da der Entladungsdruck der Metallionen in der Lösung in starker Verdünnung nur abhängig ist von der Konzentration derselben, folgt daraus, daß das Potential der in die Flüssigkeit tauchenden Metallplatte allein von der Konzentration der in der Lösung befindlichen Ionen des gleichen Metalls abhängt. Man kann demnach aus dem Potential der Platte umgekehrt einen Schluß auf die Konzentration der betreffenden Metallionen ziehen.

Wir wissen nun, daß der Wasserstoff, trotzdem er ein Gas ist, sich chemisch wie ein Metall verhält. Hätte man also eine

5*

Elektrode aus Wasserstoff, so könnte man aus dem auf ihr entstehenden Potential, wenn sie in eine Wasserstoffionen enthaltende Lösung taucht, nach obigem Prinzip auf die Wasserstoffionenkonzentration der Lösung schließen. Es hat sich nun gezeigt, daß eine mit Platinschwarz (feinst verteiltes Platin) zur Erzielung einer großen Oberfläche überzogene Platinfläche, die in einer Wasserstoffatmosphäre das Gas adsorbiert hat, sich in elektrochemischer Beziehung so verhält, als ob sie aus reinem metallischen Wasserstoff bestände. Somit ist der Weg zur Bestimmung der Wasserstoffionenkonzentration in einer Lösung gegeben. Die praktische Ausführung ist dann eine Sache für sich.

VI. Dissoziation, Gleichgewichte und Wasserstoffionenkonzentration in Anwendung auf Beispiele.

In diesem Kapitel sollen ganz kurz die in den vorhergehenden Kapiteln aufgestellten Theorien und Erkenntnisse auf physiologische Vorgänge und Verhältnisse angewendet werden, um zu zeigen, daß die vorhergehenden Überlegungen nicht nur ein großes theoretisches Interesse, sondern auch eine noch gar nicht zu übersehende praktische Bedeutung haben. Wir stehen erst im Anfang der Anwendung physikalisch-chemischer Überlegungen und Methoden auf das Gesamtgebiet der Physiologie und das trotz des gewaltigen Materials, das innerhalb zweier Jahrzehnte experimenteller Arbeit gesammelt worden ist.

Im folgenden sollen an einigen ausgewählten Beispielen, die zusammengefaßt ein gewisses organisches Ganze geben, die eben ausgesprochenen Behauptungen bewiesen werden.

Die natürlichen Wässer. Das Wasser ist der Träger des Lebens; denn alle Lebensvorgänge spielen sich in wässerigen Lösungen ab.

Der Formel H_2O entsprechendes Wasser gibt es eigentlich überhaupt nicht oder nur unter ganz besonderen Vorsichtsmaßregeln, da ein jedes Wasser, selbst das sogenannte destillierte Wasser, das der Chemiker in gewöhnlichem Sinne als rein ansieht, wenn es mit Glasgefäßen in Berührung gekommen ist, stets Spuren anderer Stoffe gelöst enthält. Das außerordentliche Lösungsvermögen des Wassers für sozusagen alle chemischen Stoffe ist eine seiner wichtigsten Eigenschaften für die physiologischen Prozesse.

Nach unseren früheren Ausführungen ist Wasser der neutrale Körper im wahrsten Sinne des Wortes, da nach seiner

Dissoziationsformel stets gleichviel H- wie OH-Ionen in ihm enthalten sein müssen. Es sollte den Wasserstoffexponenten $p_H = 7{,}07$ haben. In der Tat zieht destilliertes Wasser aus der Luft allmählich Kohlensäure an, und der Wasserstoffexponent wird nach der sauren Seite verschoben. Es können da Werte bis $p_H = 5{,}2$ erreicht werden. Andererseits kann auch durch Aufbewahren in Glasgefäßen aus schlechtem Glas durch Alkaliabgabe des letzteren der Wert nach der alkalischen Seite hinneigen; so sieht man, daß gerade die Wasserstoffzahl des destillierten Wassers, die man im ersten Augenblick als am genauesten festgelegt ansehen möchte, sehr großen Schwankungen, die durch nicht ohne weiteres auszuschaltende Einflüsse bedingt werden, unterworfen ist.

Im Verhältnis zum destillierten Wasser schon außerordentlich kompliziert zusammengesetzte Flüssigkeiten sind die natürlichen Wässer. Sie enthalten bekanntlich die verschiedensten Elemente in Salzform gelöst, und zwar von den positiven Elementen besonders die beiden Erdalkalien Ca^{++} und Mg^{++}, ferner das Alkalimetall Na^+ und in Form von Säureresten Cl^-, SO_4^{--}, CO_3^{--} und NO_3^-. Diese Elemente liegen im Wasser infolge der außerordentlich starken Verdünnung, in der sich die Salze befinden, zum allergrößten Teile als Ionen, wie eben geschrieben, und nicht als undissoziierte Moleküle vor.

Betrachten wir die angeführten positiven Elemente, so wissen wir, daß das Alkalimetall eine starke Base ist, und die Erdalkalien auch noch verhältnismäßig stark alkalisch sind. Von den angeführten Säureresten sind Cl^-, SO_4^{--} und NO_3^- diejenigen sogenannter starker Säuren und nur einer nämlich CO_2^{--} der einer sehr schwachen Säure. Nach den Betrachtungen des Kapitels III werden die Salzkombinationen Na^+ und Ca^{++}, Mg^{++} mit den Säureresten Cl^-, SO_4^{--} und NO_3^-, also Salze, wie $NaCl$, $MgSO_4$, $CaSO_4$ usw. weder die H- noch die OH-Ionen des Wassers, in dem sie gelöst sind, merklich vermehren oder vermindern. Anders liegen die Verhältnisse bei der Kombination der drei angeführten positiven Elemente mit dem Kohlensäurerest. Die Karbonate, auch in Form der Bikarbonate, vermehren, wie ausführlich im Kapitel III bewiesen worden ist, die OH-Ionenkonzentration des Wassers und vermindern damit nach der Dissoziationskonstante des letzteren die Wasserstoffzahl. Der Typus eines natürlichen Wassers in bezug auf die Wasserstoffzahl wird also von den Salzen allein durch die Karbonate bestimmt und auch durch gelöste freie Kohlensäure. In dieser Tatsache liegt die die Karbonate aus allen anderen Wassersalzen hervorhebende Eigenschaft begründet.

Es haben demnach alle karbonat- bzw. bikarbonathaltigen Wässer — natürliche Wässer enthalten nur Bikarbonate — sofern in ihnen nicht viel freie Kohlensäure gelöst ist, einen Wasserstoffexponenten größer als $p_H = 7{,}07$. Das Berliner Leitungswasser hat z. B. $p_H = 7{,}70$ bis $p_H = 7{,}25$. Im allgemeinen liegt die Wasserstoffzahl eines natürlichen Wassers dicht um den wahren Neutralpunkt. Je karbonatreicher ein Wasser ist, um so geringer ist seine Wasserstoffzahl und um so größer sein Wasserstoffexponent.

Ungefähr jedes natürliche Wasser setzt also die Wasserstoffionenkonzentration einer anderen Flüssigkeit, mit der es gemischt wird, herunter.

Mit dieser einen Tatsache ist die Rolle der Karbonate im Brauwasser bei der Würzeherstellung festgelegt. Sie vermindern die Wasserstoffionenkonzentration. Wir werden auf die Bedeutung der alkalischen Wirkung der Karbonatwässer auf physiologische Flüssigkeiten noch zurückkommen.

Die Reaktion physiologischer Flüssigkeiten. In alter Weise bestimmt man bekanntlich die sogenannte Azidität oder Alkalität einer organischen Flüssigkeit (z. B. Blutserum, Wasserauszüge aus Pflanzenmehlen, gärende Flüssigkeiten usw.), indem man so viel Lauge oder Säure zu einem bestimmten Flüssigkeitsvolumen zusetzt, bis ein Farbenindikator einen Farbenumschlag zeigt. Die Azidität bzw. Alkalität wird dann in ccm der verbrauchten Normallauge oder Säure angegeben, wobei je nach dem verwendeten Indikator nach unseren früheren Ausführungen die zur Neutralisation nötige Menge verschieden sein muß. Wir wissen jetzt, daß nur Neutralrot und Lakmus (siehe Kapitel V) die richtige Zahl der ccm Säure oder Lauge bis zur Erreichung des wahren Neutralpunktes einer Flüssigkeit angeben, da ihr Umschlagspunkt dicht bei der Wasserstoffionenkonzentration des wahren Neutralpunktes $10^{-7{,}07} = p_H\ 7{,}07$ liegt. Mit diesen Indikatoren kann man die Summe der aktuellen und potentiellen Wasserstoffionen einer organischen Flüssigkeit richtig ermitteln, so daß man demnach unter der Titrationsazidität und -Alkalität die Zahl der verbrauchten ccm einer Normallauge oder -Säure bei Anwendung dieser beiden Indikatoren versteht. Indikatoren wie Methylorange schlagen in sauren Flüssigkeiten vor Erreichung des wahren Neutralpunktes (ccm-Zahl der Lauge zu gering), Indikatoren wie Phenolphtalein zu spät um (ccm-Zahl der Lauge zu groß). In alkalischen Flüssigkeiten ist das Verhältnis umgekehrt.

Die aktuellen Wasserstoffionen einer organischen Flüssigkeit allein sind bekanntlich nur durch direkte Bestimmung zu ermitteln.

Durch welche Körper wird die Reaktion physiologischer Flüssigkeiten in der Hauptsache bestimmt?

In den natürlichen physiologischen Flüssigkeiten hat man es mit Lösungen zu tun, deren Wasserstoffionenkonzentration sich nicht zu weit vom wahren Neutralpunkt entfernt, d. h. die Zahl der aktuellen H- bzw. OH-Ionen ist nicht sehr bedeutend. Andererseits zeigen sie eine im Verhältnis zur Wasserstoff- bzw. Hydroxylionenkonzentration sehr große Titrationsazidität und -Alkalität, d. h. die Summe der aktuellen und potentiellen Ionen ist sehr groß. Es bedeutet das, daß die Reaktion der Flüssigkeit von Körpern bestimmt wird, die einen geringen Dissoziationsgrad besitzen; denn nur bei ihnen treffen die angegebenen Verhältnisse zu. Würde die geringe H- bzw. OH-Ionenkonzentration einer physiologischen Flüssigkeit von geringen Mengen starker Säuren bzw. Basen herrühren, so könnte die Menge der potentiellen Ionen auch nur gering sein, was in Wirklichkeit nicht zutrifft.

Des ferneren sind die physiologischen Flüssigkeiten dadurch ausgezeichnet, daß sie ihre Wasserstoffionenkonzentration sowohl bei Zugabe starker Säuren, als auch Basen in gewissen Grenzen annähernd konstant halten. Die Reaktion physiologischer Flüssigkeiten unterliegt nur geringen Schwankungen, was von außerordentlicher Bedeutung für die Lebensvorgänge, besonders in bezug auf die Wirksamkeit der Enzyme, ist. Wir wissen nun aus dem Kapitel V, daß die sogenannten Puffersysteme die angeführte Konstanz der Wasserstoffzahl bei Zusatz saurer oder alkalischer Körper zeigen. Aus dem angegebenen Verhalten physiologischer Flüssigkeiten kann man annehmen, daß ihre Reaktion durch Puffersysteme geregelt wird. Die letzteren besitzen bekanntlich auch große Mengen potentieller Ionen, was also auch mit den im vorigen Absatz angegebenen Erfahrungen über Titrationsazidität und -Alkalität übereinstimmt.

Die sauren Eigenschaften physiologischer Flüssigkeiten sind in der Hauptsache auf primäres Kaliumphosphat KH_2PO_4 oder mit anderen Worten nach unseren Ausführungen über Stufendissoziation (Kapitel III) auf die schwache Säure $H_2PO_4{}^-$, daneben auf freie organische Säuren und endlich auf amphotere Eiweißkörper und Eiweißabbauprodukte mit größerer Säure- als Basendissoziationskonstante zurückzuführen.

Die alkalischen Eigenschaften sind bedingt in der Hauptsache durch sekundäres Kaliumphosphat K_2HPO_4, das nach dem Kapitel über Stufendissoziation OH-Ionen abdissoziiert, weiter durch Bikarbonate vom Typus $KHCO_3$, das sich ähnlich verhält wie K_2HPO_4, und zuletzt wieder durch amphotere Eiweißkörper und Abbauprodukte, deren Basendissoziationskonstante größer ist als die Säuredissoziationskonstante.

Da im allgemeinen sämtliche angeführten Komponenten in physiologischen Flüssigkeiten lebender Gewebe vorhanden sind, wird die Reaktion dieser Flüssigkeiten durch das Verhältnis der einzelnen Komponenten zueinander bestimmt. Überwiegen die sauren Körper, so liegt die Wasserstoffzahl unter $10^{-7,07}$, überwiegen die alkalischen Stoffe über diesem Wert.

Nach diesen Angaben würden wir also folgende einzelnen Puffersysteme, die sich stets aus Kombinationen von sauren mit alkalischen Körpern ergeben, in physiologischen Flüssigkeiten unterscheiden können.

1. Das System: primäres Phosphat — sekundäres Phosphat,
              sauer   alkalisch

2. Das System: freie Kohlensäure — Bikarbonat
              sauer   alkalisch

und 3. das System vom Typus der Aminosäuren (amphotere Stickstoffverbindungen)

$$NH_2\,CH_2 \qquad\qquad COOH$$
       alkalisch   sauer

In Wirklichkeit liegen nicht diese einfachsten Systeme, sondern Kombinationssysteme der eben angeführten, also von Phosphaten und Karbonaten vor, z. B. das System

1a) primäres Phosphat — Bikarbonat — freie Kohlensäure,
      sauer   alkalisch   sauer

das man sich durch Einwirkung freier Kohlensäure auf das obige System 1 entstanden denken kann und weiter das System

2a) primäres Phosphat — Bikarbonat — sekundäres Phosphat
      sauer   alkalisch   alkalisch

          — freie Kohlensäure,
             sauer

das das direkte Kombinationssystem 1 und 2 darstellt.

Den Mechanismus der Pufferwirkung der Systeme 1 und 2 haben wir schon formell in dem Kapitel V entwickelt. In ganz ähnlicher Weise sind die Gleichungen der Kombinationssysteme aufzustellen.

Ein jedes der angegebenen Puffersysteme stellt, als Einheit betrachtet, einen amphoteren Elektrolyten dar; denn sein saurer Bestandteil dissoziiert H-Ionen und sein alkalischer OH-Ionen ab. Es ist damit imstande in sauren Lösungen alkalisch und in alkalischen Lösungen sauer zu wirken. Das sind die beiden charakteristischen Merkmale der amphoteren Elektrolyte.

Das Puffersystem primäres Phosphat — Bikarbonat — sekundäres Phosphat — freie Kohlensäure und sein labiler Zustand. Interessant ist der Gleichgewichtszustand des Kombinationssystems 2a), das sich durch folgende reversible Gleichung darstellen läßt:

$$2a) \quad KH_2PO_4 + KHCO_3 \;\rightleftharpoons\; K_2HPO_4 + H_2CO_3 \;.$$

Dieses Gleichgewicht wollen wir in etwas ausführlicher Weise besprechen, da es sowohl von physiologischer Bedeutung ist, als auch die Verschiebung von Gleichgewichtszuständen in anschaulicher Weise illustriert.

Es habe sich der durch obige Gleichung festgelegte Gleichgewichtszustand eingestellt, wobei vorausgesetzt sei, daß KH_2PO_4 im Überschuß zu K_2HPO_4 ist. Es wären also in der physiologischen Flüssigkeit obige vier Gleichungskomponenten vorhanden. Die Hauptvariable des Systems ist die Kohlensäure, da sie bei allen Lebensvorgängen als Produkt der Atmung in wechselnden Mengen je nach der Intensität des Lebensprozesses vorhanden ist, um beim Aufhören desselben allmählich ganz zu verschwinden. Die anderen Komponenten, die Salze, sind zwar auch in ihren absoluten Mengen veränderlich; denn es werden dem Organismus von außen her Salze zugeführt und andererseits auch nach außen abgeführt, aber bei weitem nicht in dem Maße wie die Kohlensäure. Daher können wir in der physiologischen Flüssigkeit eines lebenden Organismus die Phosphatkomponenten obiger Gleichung als konstant ansehen.

Es vermehre sich in der physiologischen Flüssigkeit mit dem oben eingestellten Gleichgewichtszustand die freie Kohlensäure z. B. durch einsetzende intensivere Lebenstätigkeit. Damit würde die eine Komponente der rechten Gleichungsseite des Kombinationssystems vermehrt und infolgedessen nach unseren Ausführungen über Gleichgewichte die Gleichung im Sinne des unteren Pfeiles verschoben. KH_2PO_4 und $KHCO_3$ würde zunehmen und K_2HPO_4 abnehmen, was bei einem sehr großen Überschuß an

Kohlensäure sich praktisch quantitativ abspielen könnte. Der Endzustand würde dann durch folgende Gleichung dargestellt:

1a) $\underbrace{KH_2PO_4 + KHCO_3 = KH_2PO_4 + KHCO_3}_{\text{freie Kohlensäure}}$

Es wäre also das System 2a) in das System 1a) übergegangen. Dieses System muß sich, wenn primäres Phosphat und sekundäres Phosphat ursprünglich in einer physiologischen Flüssigkeit vorhanden waren, in jedem lebenden, Kohlensäure intensiv ausscheidenden Gewebe einstellen, so daß man es als das System der lebenden Zelle bezeichnen kann.

Kehren wir noch einmal zu System 2a) zurück und nehmen an, daß statt einer Vermehrung der freien Kohlensäure, die zum System 1a) geführt hat, eine Verminderung derselben einsetze, indem z. B. die Lebensfunktionen ganz aufhören, und die Kohlensäure allmählich aus der physiologischen Flüssigkeit herausdiffundiert, so wird eine Verschiebung der Gleichung 2a) im Sinne des oberen Pfeiles erfolgen, da eine der Komponenten der rechten Gleichungsseite vermindert wird. Es wird somit K_2HPO_4 zunehmen und KH_2PO_4 und $KHCO_3$ abnehmen, was bei vollständigem Verschwinden der Kohlensäure zu dem Endsystem 1., das durch die Gleichung

1. $KH_2PO_4 + K_2HPO_4 = K_2HPO_4 + KH_2PO_4$

dargestellt wird, führen würde. Dieses System muß sich demnach in physiologischen Flüssigkeiten einstellen, denen keine Kohlensäure mehr durch Lebensprozesse zugeführt wird, also in den toten Geweben, so daß man dieses System als das der toten Zelle bezeichnen kann. Das System 2a) stellt ein Übergangssystem zwischen 1a) und 1 dar.

Dieses Beispiel, das nur für den einen Spezialfall des Überschusses an primärem Phosphat in Gleichung 2a) durchgeführt worden ist, zeigt die außerordentliche Labilität dieser Systeme und ihre Anpassungsfähigkeit an die Lebensfunktionen.

Die Eiweißkörper als amphotere Elektrolyte. Neben den Systemen der anorganischen Salze, die puffernd und reaktionsbestimmend in physiologischen Flüssigkeiten wirken, und deren Wirkung darauf beruht, daß sie amphotere Eigenschaften haben, sind im vorigen Abschnitt im gleichen Sinne die Eiweißkörper erwähnt worden.

Ihre Wirkung kann man am leichtesten verstehen, wenn man von den einfachsten Bausteinen, den Aminosäuren ausgeht, z. B. CH_2NH_2COOH, der Aminoessigsäure oder dem Glykokoll. Da wir früher (Kapitel I) gezeigt haben, daß die hochmolekularen Eiweißkörper (Proteine) durch Kondensation aus den Aminosäuren hervorgegangen gedacht werden können, so sind die für die letzteren Körper charakteristischen Gruppen, die Gruppe NH_2 (Aminogruppe) und die Gruppe COOH (Karboxylgruppe) auch in den Kondensationsprodukten erhalten.

Die Aminogruppe wirkt nun in wässeriger Lösung alkalisch; man kann annehmen, daß sie, genau wie gasförmiges NH_3 in wässeriger Lösung NH_4OH bildet, das in NH_4^+ und OH^- dissoziiert, und so die OH-Ionen der Flüssigkeit vermehrt, ebenfalls eine analoge Verbindung $CH_2NH_3OH\,COOH$ bildet, die OH-Ionen abspaltet. Die bekannte Säuregruppe COOH spaltet natürlich H-Ionen ab; so kann sowohl mit Säuren als auch Basen Salzbildung erfolgen.

Nach diesen Ausführungen müssen sich also Eiweißkörper vom Aminosäuretypus wie amphotere Elektrolyte verhalten. Das zeigt sich in der Tat in vielen Punkten.

Wir hatten schon darauf hingewiesen, daß Ampholyte im isoelektrischen Punkt ein Koagulationsoptimum und damit auch ein Löslichkeitsminimum haben. Es hat sich nun nachweisen lassen, daß Eiweißkörper im isoelektrischen Punkt, der sich bekanntlich dadurch feststellen läßt, daß gleichviel des Körpers bei der Elektrolyse zur Anode und Kathode wandert, diese beiden Eigenschaften aufweisen. Bei jeder anderen Wasserstoffionenkonzentration, sei es nach der sauren Seite vom isoelektrischen Punkt, sei es nach der alkalischen, ist die Löslichkeit größer als in diesem Punkte. Daraus erklärt sich die leichte Löslichkeit von Eiweißkörpern in Laugen und Säuren; und zwar sind diejenigen, bei denen die Säurefunktionen überwiegen in Laugen und die, bei denen die Basenfunktionen vorherrschen, umgekehrt in Säuren leichter löslich. Es sei nebenbei bemerkt, daß man aus den Löslichkeitsverhältnissen in Säuren und Basen die Säuren- und Basendissoziationskonstante der Eiweißkörper bestimmen kann.

Aus dem angedeuteten Verhalten der Eiweißkörper geht erneut die außerordentliche Bedeutung der Wasserstoffionenkonzentration einer physiologischen Flüssigkeit hervor, da von ihr in weitgehendem Maße der Zustand der Eiweißkörper, die für das Leben bzw. als Träger des Lebens selbst von fundamentaler Bedeutung sind, abhängt. Es muß daher auch jede umfangreichere Änderung der Wasserstoffionenkonzentration tiefgreifende Änderungen der Eiweißzusammensetzung und damit auch der Lebensfunktionen zeitigen. So sieht sich der Organismus genötigt, die für ihn als optimal feststehende Wasserstoffionenkonzentration durch die Puffersysteme gegen alle unvorhergesehenen Einflüsse soweit wie möglich konstant zu halten.

VII. Die Erscheinungen an den Grenzflächen.

Wir haben uns in den vorhergehenden Kapiteln in der Hauptsache mit den Vorgängen befaßt, die sich in Flüssigkeiten abspielen, ohne darauf zu achten bzw. zu untersuchen, ob die an eine Flüssigkeitsmasse angrenzenden Medien, also z. B. die Wandungen eines Becherglases, in dem sich eine wässerige Salzlösung befindet und die Luft, die oben an die in dem Glase befindliche Flüssigkeit angrenzt, irgendeinen Einfluß auf die Flüssigkeitsmenge haben, oder ob diese vollkommen unbeeinflußt von ihrer Umgebung bleibt.

An dem einfachen Beispiel des mit Salzlösung gefüllten Becherglases haben wir zwei Grenzflächen kennengelernt und zwar die Grenzfläche 1) Flüssigkeit - Glas und 2) Flüssigkeit - Luft. Angenommen, man überschichtet jetzt die in dem Becherglase befindliche Salzlösung mit einer anderen, nicht mit dieser mischbaren Flüssigkeit, z. B. mit Äther, so bleibt die Grenzfläche 1) dieselbe, dagegen wird die Grenzfläche 2) eine andere, nämlich Flüssigkeit - Flüssigkeit.

Da Grenzflächen oder Oberflächen durch ihre charakteristischen physikalischen und chemischen Eigenschaften ausgezeichnet sind, und da sie außerdem in jedem lebenden Organismus allein schon wegen der Zellenstruktur der letzteren in ausgedehntestem Maße vorkommen, müssen wir, bevor wir an die mit den Oberflächen zusammenhängenden Erscheinungen herantreten, zu einem fest definierten Begriff der Grenzflächen, die wir ganz oberflächlich an obigen Beispielen erläutert haben, zu kommen suchen.

Der Begriff der Phase und der Oberfläche. Angenommen, wir haben in einem Becherglas wie oben destilliertes Wasser, so bezeichnet man diese Wassermenge als ein chemisches System und zwar als ein homogenes (gleichmäßiges) chemisches System. An welchen Stellen wir in der Flüssigkeit auch Stichproben machen würden, jede Probe würde ein gleiches chemisches und physikalisches Ergebnis zeitigen. Daß die Homogenität allerdings einmal infolge der molekularen Struktur der Flüssigkeit eine Grenze erreichen wird, wenn wir immer kleinere und kleinere Mengen als Stichproben nehmen würden, darauf sei hier nur andeutungsweise hingewiesen, da in dem folgenden Kapitel ausführlich darauf zurückgekommen wird.

Wir wollen als homogenes System allgemein ein solches System bezeichnen, bei dem eine Unterteilung, die nicht bis zu molekularen Grenzen fortgesetzt wird, stets Teile ergibt, die, untereinander verglichen, die gleichen chemischen und physikalischen Eigenschaften haben.

Nach dieser Definition können also chemisch einheitliche Körper wie oben das Wasser ein homogenes System sein, brauchen es aber durchaus nicht zu sein; im eben angegebenen Beispiel des Wassers als homogenes System ist stillschweichend angenommen worden, daß sich die ganze Menge im flüssigen Aggregatzustand befindet. Nehmen wir nun aber einmal an, das Wasser komme in dem System nicht nur in flüssiger, sondern auch in gasförmiger (Wasserdampf) und fester Form (Eis), also in allen drei Aggregatzuständen und zwar in molekularer Feinheit zerteilt vor und man mache jetzt Stichproben in dem Medium, so würde man in jeder Probe dreierlei Teilchen mit verschiedenen physikalischen Eigenschaften, allerdings gleicher chemischer Zusammensetzung, finden. Es handelte sich also dann nicht mehr um ein homogenes System, sondern um ein inhomogenes oder heterogenes System. Jeden einzelnen, an und für sich homogenen Teil dieses heterogenen Systems nennt man nun eine Phase.

Die Trennungsfläche zweier verschiedener Phasen heißt eine Grenzfläche oder Oberfläche.

Bei der angegebenen Definition der Phase und der Oberfläche ist eine wichtige Annahme gemacht worden und zwar die, daß sich die Bestandteile des heterogenen Systems im Gleichgewicht befinden, d. h. daß alle Konzentrationsunterschiede, chemischen Reaktionen usw. in dem System schon zum Ausgleich gekommen sind.

Würden wir z. B. bei einer verschieden konzentrierten Salzlösung Stichproben machen, so würden diese an verschiedenen Stellen auch verschieden ausfallen, und wir würden, trotzdem das System ein heterogenes ist, nicht von verschiedenen Phasen sprechen können.

Der Unterschied dieser Inhomogenität gegenüber derjenigen eines wirklich heterogenen Systems ist folgender:

In einem nicht im Gleichgewicht befindlichen inhomogenen System sind unendlich dicht benachbarte Punkte in ihrer Zusammensetzung auch nur unendlich wenig voneinander verschieden. Es ergibt sich also nirgends eine scharfe Trennungsfläche. An der Grenze zweier Phasen dagegen sind unendlich dicht benachbarte Teile von verschiedener Zusammensetzung, so daß stets eine scharfe Grenzfläche besteht.

Die Oberflächenspannung. Jede Grenzfläche ist der Sitz einer Kraft, der Grenzflächenspannung oder Oberflächenspannung. Wie kommt diese Oberflächenspannung zustande?

Wir wissen, daß eine Flüssigkeit aus einzelnen Molekülen besteht. Es muß zwischen den einzelnen Molekülen eine Anziehung herrschen, da man sich sonst nicht erklären könnte, daß die Flüssigkeitsteilchen zusammenhalten und sich nicht beliebig voneinander entfernen. Ohne weiteres ist nun auch ersichtlich, daß auf ein Flüssigkeitsteilchen, das sich im Innern einer Flüssigkeitsmasse befindet, von allen Seiten gleiche Anziehungskräfte einwirken, da es von allen Seiten gleichmäßig von Flüssigkeitsmolekülen umgeben ist. Diese treten aber nicht in Erscheinung, da sie sich gegenseitig aufheben. Anders verhält es sich nun mit den Molekülen, die sich in der Oberfläche befinden, die z. B. an Luft grenzen. Auf sie wirken wohl anziehend die nach innen an sie angrenzenden Flüssigkeitsmoleküle und auch die ihnen seitlich benachbarten, ohne daß ein gleicher Zug nach außen erfolgt. Durch diesen Zug nach innen ergibt sich eine Spannung der Oberfläche. Diese äußert sich darin, daß, da alle in der Oberfläche gelegenen Teilchen soweit wie möglich nach innen gezogen werden, die Oberfläche stets das Bestreben hat, sich möglichst klein zu machen und darin, daß das äußerste Flüssigkeitshäutchen stets etwas komprimiert wird.

Aus diesem Bestreben, bei einem gegebenen Volumen die kleinste Oberfläche einzunehmen, erklärt sich auch, daß freifallende Flüssigkeitsmengen Kugelgestalt annehmen; die Kugel erfüllt am besten die angegebene Bedingung.

Wir hatten gesagt, daß auf die an der Oberfläche der Flüssigkeit befindlichen an die Luft angrenzenden Moleküle nur ein Zug nach innen und nach der Seite, aber nicht nach außen stattfindet. Das letztere trifft nicht ganz zu, da die Luftmoleküle ebenfalls eine Anziehung auf die an der Oberfläche befindlichen Flüssigkeitsmoleküle ausüben; doch kann diese Anziehung im Falle der Angrenzung an Luft vernachlässigt werden. Immerhin zeigt diese Feststellung, daß die Oberflächenspannung eine Funktion der Anziehungskräfte beider einander berührender Phasen ist. Grenzt die Flüssigkeit nicht wie eben an ein Gas, sondern an eine andere Flüssigkeit, bzw. an einen festen Körper, so ist die nach außen wirkende Anziehung keineswegs mehr zu vernachlässigen.

Man kann sich sogar vorstellen, daß die nach außen wirkende Anziehungskraft der Moleküle der zweiten Phase auf die Oberflächenmoleküle der ersten Phase, eine Kraft, die man mit Adhäsion bezeichnet, gleich wird, der nach innen wirkenden Anziehungskraft der eigenen Moleküle der ersten Phase, die man Kohäsion nennt. In diesem Falle würde die Oberflächenspannung an der Trennungsfläche $= 0$. Die Oberflächenspannung kann also, je nach der Natur der sich berührenden Phasen, alle Werte bis herab zu 0 annehmen; sie kann sogar, wenn man den eben aufgestellten Gedankengang weiter verfolgt, negativ werden, so daß sie die Oberfläche nicht mehr zu verkleinern, sondern auszudehnen versucht, ein Fall, der auch in der Natur vorkommt.

Die Konstante der Oberflächenspannung. Wir haben gesehen, daß eine jede Oberfläche der Sitz einer Kraft ist, der Oberflächenspannung. Um einen zahlenmäßigen Ausdruck für die Größe dieser Kraft zu finden, denken wir uns folgende Versuchsanordnung:

An dem zweimal rechtwinklig umgebogenen, dünnen Draht DABC kann der horizontale Draht CD mit Führung gleiten. Bringt man CD nahe an AB heran und breitet eine kleine Menge Flüssigkeit in Form eines dünnen Häutchens in dem Rechteck DABC aus, so wird infolge des

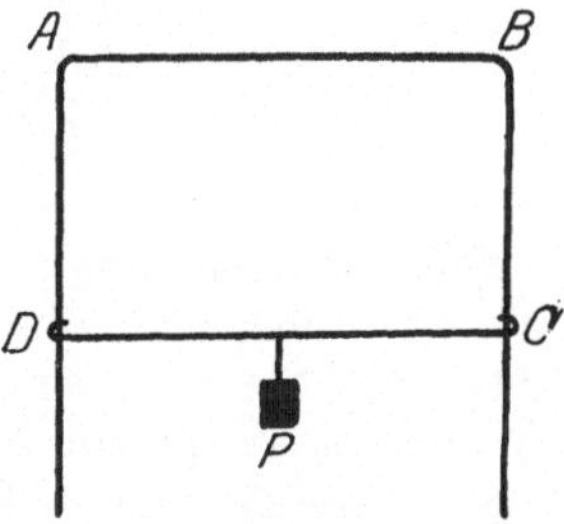

Abb. 6. Oberflächenspannung.

Gewichts des Drahtstücks DC die Lamelle sich ausdehnen, aber zunächst nicht zerreißen. Dem Zug des Drahtgewichts nach unten wirkt die Oberflächenspannung der Flüssigkeit entgegen, die sich gegen eine Vergrößerung der Oberfläche sträubt. Hängt man nun an den Draht allmählich kleine Gewichtsstücke an, so wird die Dehnung weiter und weiter erfolgen, bis endlich ein Punkt kommt, wo der Zug des Gewichts nach unten größer ist, als der Zug der Oberflächenspannung nach oben, und die Membran zerreißt. Der Zug nach unten und die Oberflächenspannung sind gerade gleich groß an der Stelle, wo ein Zerreißen der Lamelle eben noch vermieden wird.

Im Augenblick des Gleichgewichts sei das Gewicht der angehängten Gewichte zusammen mit dem des gleitenden Drahtes P. Die Oberflächenspannung längs des ganzen gleitenden Drahtstückes CD von der Länge b beträgt also demnach auch P. Als Einheit der Oberflächenspannung (Konstante der Oberflächenspannung) T gilt die Kraft, die pro Zentimeter des Gleitdrahtes wirkt. Diese würde in diesem Falle also $\frac{P}{b}$ betragen.

Nun hat man es aber in unserem Falle nicht mit einer Oberfläche, sondern, da die Flüssigkeitslamelle auf jeder Seite eine Oberfläche hat, mit der sie an die zweite Phase Luft grenzt, mit zwei Oberflächen zu tun, so daß die Kraft, die der einen Lamellenoberflächenspannung gleichzusetzen ist, nicht P, sondern P/2 beträgt und sich demnach ergeben würde

$$T = \frac{P}{2\,b}.$$

Für folgende Flüssigkeiten gegen Luft als Grenzfläche hat T in g pro cm folgende Werte:

$$\text{Wasser } 10^{\circ} = 0,074$$
$$\text{Alkohol } 20^{\circ} = 0,026$$
$$\text{Essigsäure} = 0,024$$
$$\text{Äther} = 0,017$$

Nach dem Gesagten würde das eben geschilderte Verfahren auch eine Methode zur Bestimmung der Oberflächenspannung darstellen. Sie ist aber zu ungenau, und deshalb bedient man sich anderer Wege zur Ermittlung von T.

So benutzt man z. B. das Ansteigen von Flüssigkeiten in Kapillaren, das auch eine Oberflächenspannungserscheinung ist, zur Messung; ferner die Größe eines von einer Abtropffläche frei abfallenden Tropfens, die der Oberflächenspannung proportional ist und noch andere Eigenschaften. Auf diese Methoden hier näher einzugehen, erübrigt sich.

Dynamische und statische Oberflächenspannung. Es hat sich gezeigt, daß sich die Oberflächenspannung vieler Flüssigkeiten, besonders wenn sie nicht einheitlich zusammengesetzt sind, beim Stehen verändert. Man muß aus diesem Grunde frische Oberflächen, die man als dynamische bezeichnet, und alte Oberflächen, die die definitive Oberflächenspannung erreicht haben, und die statische genannt werden, unterscheiden.

Oberflächenkontraktion. Wir haben gesehen, daß die Oberflächenspannungskonstante oder einfacher die Oberflächenspannung T nur abhängig ist von der Beschaffenheit der beiden aneinander grenzenden Phasen.

Angenommen, wir hätten zwei Flüssigkeiten 1) und 2) von gleichem spezifischen Gewicht, die nicht miteinander mischbar sind, und zwar befinde sich eine kleine Menge der Flüssigkeit 2) in Form einer einzigen großen Kugel frei innerhalb der Flüssigkeit 1) schwimmend — ein Fall, der experimentell zu erreichen ist — so herrscht an der Trennungsfläche der beiden Phasen eine bestimmte Oberflächenspannung $T_{1)\,2)}$. Schütteln wir jetzt beide Flüssigkeiten kräftig miteinander, so sieht man, daß sich die Flüssigkeit 2) zu einem System von kleinen Kugeln in der Flüssigkeit 1) zerteilt hat. Die Oberflächenspannung an jeder Kugelfläche wird immer noch $T_{1)\,2)}$ betragen. Wenn man die beiden Systeme eine Zeitlang stehen läßt und sie beobachtet, bemerkt man, daß sich die kleinen herumschwimmenden Kugeln immer mehr vermindern und zu größeren verschmelzen, um sich endlich wieder zu einer einzigen großen zusammenzuballen.

Durch das Schütteln der beiden Systeme 1) und 2) ist die ursprünglich geringe Grenzfläche 1) 2) ungeheuer vergrößert worden, da die vielen kleinen Flüssigkeitskügelchen eine ganz bedeutende Oberfläche besitzen. Die Oberfläche ist um so größer, je mehr Flüssigkeitskügelchen aus dem gegebenen Flüssigkeitsvolumen 2) entstanden sind. Vereinigen sich nun die kleinen Kügelchen wieder zu größeren, so wird damit die Oberfläche dauernd verkleinert und allmählich wieder einem Mindestwert zugeführt. Es findet also eine Oberflächenkontraktion statt, wobei der Wert $T_{1)\,2)}$ unverändert bleibt.

Diese Erscheinung erklärt sich daraus, daß wir in den obigen Abschnitten allein die Oberflächenspannung als Kraft betrachtet haben, ohne die Größe der Fläche zu berücksichtigen, an der sie wirksam ist. Das Produkt von Oberflächenspannung $\times$ Oberflächengröße stellt die sogenannte Oberflächenenergie dar, und dieses Produkt sucht sich nach Möglichkeit stets zu verkleinern. Das kann es, indem entweder die Oberflächenspannungskonstante kleiner wird (Oberflächenentspannung), oder wenn diese, wie in dem eben angeführten Beispiel, konstant ist, indem die Oberflächengröße verkleinert wird (Oberflächenkontraktion).

Koagulation. Die Oberflächenkontraktion der Phase 2) nach dem Schütteln mit dem System 1) ist in der angegebenen Weise nur möglich bei Flüssigkeiten, die nur eine Elastizität des Volumens und keine Elastizität der Form besitzen; wobei unter Elastizität die Eigenschaft der Körper zu verstehen ist, einer Deformation, d. h. einer Form- oder Volumänderung einen Widerstand entgegenzusetzen.

Wir wollen jetzt annehmen, daß wir es bei der Phase 2) nicht mit einem nur volum-elastischen Körper, also einer Flüssigkeit, sondern mit mehr oder weniger auch formelastischen Körpern von gallertartiger Beschaffenheit zu tun hätten. Auch diese Körper denken wir uns wieder in Form sehr kleiner Kügelchen in dem System 1) verteilt. Treffen von ihnen wieder Kügelchen zusammen, so ist die Verschmelzung zu größeren Kugeln nicht so einfach wie oben; da der Oberflächenkontraktion die Formelastizität entgegenwirkt, wird die Vereinigung nur soweit vonstatten gehen, bis Oberflächenkontraktion und Elastizität sich das Gleichgewicht halten. Es können bei dieser Art der Verschmelzung der beiden Kugeln alle möglichen Übergangsformen mit immer kleinerer Oberfläche (Hantelformen usw.) bis zu einer einzigen Kugel entstehen.

Es ist nach dem Gesagten klar, daß die Verschmelzuug von mehreren Teilchen um so vollkommener stattfindet, je größer die Oberflächenspannung und je geringer die Formelastizität der betreffenden Phase ist. Somit muß jede in einem bestehenden System durch irgendwelche Eingriffe chemischer oder physikalischer Natur eingetretene Verminderung der Formelastizität oder jede Vergrößerung der Oberflächenspannung der Grenzflächen der beiden Phasen zu einer Vergröberung des Verteilungszustandes der Phase 2) führen. Diese gibt schließlich, wenn es sich vorher um Teilchen einer Größenordnung gehandelt hat, die im kolloiden, im Ultramikroskop noch sichtbaren Gebiet liegt, dem bloßen Auge sichtbare Teile. Eine solche Erscheinung nennt man Ausflockung oder Koagulation.

Positiv- und negativ-kapillaraktive (oberflächenaktive und oberflächeninaktive) Stoffe. In den vorhergehenden Abschnitten sind die Verhältnisse der Oberflächenenergie an den Grenzflächen für zwei einheitlich zusammengesetzte chemische Phasen behandelt worden, wobei die Oberflächenspannung T als konstant anzusehen ist, und die sich abspielenden Vorgänge nur auf Veränderung der Größe der Oberfläche zurückzuführen sind.

Anders werden die Verhältnisse, wenn es sich nicht mehr um chemisch einheitliche Systeme, sondern um Gemische von einzelnen Individuen handelt.

Wir hatten früher die Oberflächenspannungskonstante des Wassers zu 0,074 und die des Alkohols zu 0,026 angegeben. Wenn man demnach Gemische dieser beiden Flüssigkeiten herstellt, so müssen deren Oberflächenspannungen die Werte von 0,074 bis 0,026, also von reinem Wasser bis zu reinem Alkohol durchlaufen; und zwar wird die Oberflächenspannung um so geringer sein, je konzentrierter an Alkohol das Gemisch ist. Ein Zusatz von Alkohol zu Wasser bzw. zu einer anderen Flüssigkeit, deren Oberflächenspannungskonstante größer ist als die des Alkohols, und mit der er mischbar ist, erniedrigt also die Oberflächenspannung des Wassers bzw. der betreffenden Flüssigkeit. Umgekehrt erhöht der Zusatz eines Körpers, dessen Oberflächenspannungskonstante größer ist als diejenige der Flüssigkeit, der er zugefügt wird und mit der er mischbar ist, die Oberflächenspannung des Gemisches. Man nennt nun solche Körper, die die Oberflächenspannung erniedrigen, positiv kapillaraktiv, solche, die sie erhöhen, negativ kapillaraktiv, und man bezieht, wenn nichts Besonderes hinzugefügt ist, diese Angabe stets auf wässerige Lösungen.

Das Theorem von Gibbs. In einem der vorigen Abschnitte hatten wir gesagt, daß sich das Produkt aus Oberflächenspannung und Oberflächengröße = Oberflächenenergie nach Möglichkeit zu verkleinern sucht. Bei chemisch einheitlichen Systemen, wo die Oberflächenspannung konstant ist, kann das Produkt Oberflächenenergie sich nur durch Verkleinerung des einen Faktors, nämlich der Oberflächengröße verkleinern, bei Gemischen dagegen, wie z. B. dem obigen Alkohol-Wasser-Gemisch, ist auch die Oberflächenspannung variabel.

Die Oberflächenspannung hängt nur ab von der Zusammensetzung der Oberflächenschicht an der Phasentrennungsfläche. Es ist klar, daß in einem Wasser-Alkohol-Gemisch die Oberflächenspannung den größten Wert hätte, wenn nur Wassermoleküle an der Trennungsfläche (Luft-Flüssigkeit) angesammelt wären, den kleinsten Wert, wenn nur Alkoholmoleküle sich dort befänden. Eine Ansammlung von Wassermolekülen an der Oberfläche würde dem obigen Satz der weitmöglichsten Verkleinerung der Oberflächenenergie widersprechen. Eine Ansammlung von Alkoholmolekülen würde ihm am weitesten entgegenkommen, und zwar würde der denkbar kleinste Wert der Oberflächenspannung erreicht werden, wenn die Alkoholmoleküle die Wassermoleküle vollständig aus der Oberfläche verdrängen könnten, und die Trennungsfläche nur aus der einen Molekülart bestände. In der Tat findet eine Verdrängung der Wassermoleküle aus der Oberflächenschicht statt, so daß die Konzentration der Alkoholmoleküle in der Oberfläche größer ist als im Innern der Flüssigkeit. Es findet demnach ein Zug der Moleküle mit der kleineren Oberflächenspannungskonstante nach außen und der mit der größeren Oberflächenspannungskonstante nach innen statt, was zu einer Entmischung der beiden Körper führt. Diese Entmischung kann aber nie eine vollständige sein, da sich infolge der Konzentrierung der Alkoholmoleküle in der Oberfläche ein Konzentrationsgefälle für Alkohol von außen nach dem Flüssigkeitsinnern und für Wassermoleküle von innen nach der Oberfläche einstellt, das sich nach den osmotischen Gesetzen auszugleichen sucht. Die Konzentration der Alkoholmoleküle in der Oberflächenschicht wird demnach bestimmt durch ein Gleichgewicht zwischen den osmotischen Kräften, die die Alkoholmoleküle nach innen und die Wassermoleküle nach außen zu bewegen suchen, und dem Bestreben der Oberflächenenergie sich zu verkleinern, das die Alkoholmoleküle nach außen und die Wassermoleküle nach innen treibt.

Aus dem angegebenen Beispiel ergibt sich zusammenfassend das Theorem von Gibbs, das aussagt, daß Stoffe, die die Oberflächenspannung einer gegebenen Flüssigkeit erniedrigen, also eine kleinere Oberflächenspannungskonstante T haben als die Flüssigkeit, sich in der Oberfläche anreichern müssen, so daß ihre Konzentration an der Oberfläche die im Flüssigkeitsinnern überwiegt und umgekehrt, daß Stoffe, die die Oberflächenspannung erhöhen, im Innern eine größere Konzentration haben als in der Oberflächenschicht. Im Innern einer Flüssigkeit befindet sich demnach stets der Stoff in höherer Konzentration, dessen Oberflächenspannungskonstante größer ist, und in der Oberfläche der, dessen Oberflächenspannungskonstante kleiner ist, bezogen auf die angrenzende Phase. Die Erscheinung, daß ein Stoff im Innern der Flüssigkeit sich in größerer Konzentration befindet als an der Grenzfläche, bezeichnet man als negative Adsorption an der Grenzfläche, die umgekehrte Erscheinung als positive Adsorption. Die Anreicherung an Grenzflächen stellt die sogenannte mechanische Adsorption dar. Somit sind auch erstere Stoffe negativ oberflächenaktiv oder kapillar inaktiv, letztere positiv oberflächenaktiv oder kapillar aktiv.

Aus Gibbs' Theorem folgt noch weiter, daß wohl kleine Mengen eines gelösten Stoffes die Oberflächenspannung stark erniedrigen, nicht aber stark erhöhen können; denn erhöht ein gelöster Stoff in kleinen Mengen die Oberflächenspannung, so nimmt die an und für sich schon kleine Konzentration desselben an der Oberfläche ab. Seine Oberflächenspannung erhöhende Wirkung trägt also in sich ein entgegenwirkendes Moment. Erniedrigt aber ein gelöster Stoff die Oberflächenspannung, so wird seine Konzentration an der Oberfläche größer, und die

Spannung sinkt bis zu der oben angegebenen Grenze, wo sich die beiden entgegenwirkenden Kräfte des osmotischen Druckes und der Oberflächenspannung die Wage halten.

Das Gibbssche Theorem gilt natürlich für alle Grenzflächen, flüssig-gasförmig, flüssig-flüssig, flüssig-fest usw.

Mit den in einem der vorigen Abschnitte erwähnten Methoden zur Ermittlung der Oberflächenspannungskonstante bestimmt man im allgemeinen die Oberflächenspannung wässeriger Lösungen gegen Luft. Man ermittelt also, da man aus der Oberflächenspannung, bei bekannter Zusammensetzung der Lösung, die Adsorption berechnen kann, die Adsorption an Luft. Nun geht aber fast stets die Adsorbierbarkeit an Luft der Adsorbierbarkeit an anderen Medien parallel, so daß die so ermittelten Zahlen vergleichende Werte auch für andere Grenzflächen ergeben.

Im allgemeinen geht die Einstellung des eben besprochenen Gleichgewichts zwischen osmotischen und Oberflächenspannungskräften sehr schnell vonstatten, und der Oberflächenspannungswert, der sich nach der definitiven Einstellung ergibt, ist der der schon erwähnten statischen Oberflächenspannung. Alle Werte, die vor Erreichung des Endwertes liegen, und die nach verschiedenen Methoden zu ermitteln sind, ergeben diejenigen der dynamischen Oberflächenspannung. Diese sind also nicht konstant, sondern verändern sich in jedem Augenblicke.

Adsorption in Gemischen. In dem vorigen Abschnitt haben wir uns mit der Adsorption positiv- und negativ-oberflächenaktiver Körper in der Oberfläche beschäftigt, wenn nur eine einzige oberflächenaktive Komponente in der Lösung vorhanden ist. In physiologischen Lösungen, also unter den in der Natur vorkommenden Verhältnissen, sind nun viele oberflächenaktive Körper mit den verschiedensten Oberflächenspannungskonstanten vorhanden.

An der Adsorption in der Oberfläche nehmen alle oberflächenaktiven Stoffe der Lösung teil; und zwar ist ein Körper um so mehr an der Adsorption beteiligt, je größer seine Konzentration in der Lösung und je oberflächenaktiver er ist. Es beeinflussen sich also nur oberflächenaktive Stoffe gegenseitig in der Adsorption. Sie werden dagegen nicht durch nichtoberflächenaktive Körper gestört.

Es gibt auch Körper, die nicht positiv oberflächenaktiv sind, und die trotzdem in geringem Maße an der Oberfläche adsorbiert werden, z. B. die verschiedenen Zuckerarten. Das Moment, das hier die Adsorption bedingt, ist nicht erkannt. Sie beeinflussen, trotzdem sie nicht oberflächenaktiv sind, nach ihrer Konzentration und im Grade ihrer Adsorbierbarkeit die Adsorption anderer oberflächenaktiver Stoffe in Gemischen, als ob sie selbst oberflächenaktiv wären.

Oberflächenaktive und oberflächeninaktive Körpergruppen. Die Oberflächenaktivität bzw. Adsorbierbarkeit verschiedener Nichtelektrolyte ist außerordentlich verschieden. Es gibt sehr oberflächenaktive und ebenso oberflächeninaktive Vertreter dieser Körperklasse. Die Stoffe unterscheiden sich nur durch den Grad der Aktivität.

Zucker und Aminosäuren, die niedrigsten Bausteine der Kohlehydrat- und Eiweißsynthese, sind fast oberflächeninaktiv. Ziemlich oberflächenaktiv sind die einwertigen Alkohole, Ketone, Aldehyde, organische Säuren und Ester derselben.

In den homologen Reihen, z. B. der Fettsäuren und Alkohole, nimmt die Oberflächenaktivität nach einer bestimmten Gesetzmäßigkeit, der sogenannten Traubeschen Regel zu, indem bei gleicher molekularer Konzentration das um ein C-Atom reichere Glied der homologen Reihe immer dreimal so kapillaraktiv ist als das vorhergehende.

Praktisch oberflächeninaktiv sind die Salze der organischen Säuren.

Auch die anorganischen Säuren verhalten sich in gleicher Weise. Die Alkalisalze derselben sind sogar ganz schwach negativ oberflächenaktiv.

Die organischen Säuren haben ganz verschieden starke oberflächenaktive Eigenschaften, je nach der Konstitution und nach der Stellung in der betreffenden homologen Reihe (Traubesche Regel), aber sie sind stets oberflächenaktiver als ihre Salze, die annähernd inaktiv sind.

Die Verhältnisse der Oberflächenaktivität und Adsorbierbarkeit werden bei den Elektrolyten viel komplizierter als bei den Nichtelektrolyten, da man es hier nicht nur mit undissoziierten Molekülen, sondern auch mit den betreffenden Ionen zu tun hat, und sich häufig deren elektrische Eigenschaften geltend machen. Es geht bei den Elektrolyten oft nicht mehr Oberflächenaktivität und mechanische Adsorption parallel. Häufig werden infolge elektrostatischer Adsorption, worauf später noch näher eingegangen wird, nicht oder kaum oberflächenaktive Körper doch stark adsorbiert, wie z. B. die anorganischen Säuren, anorganische Salze usw.

Oberflächenhäute. Bei der Bildung der Oberflächenhäute müssen wir einen neuen Begriff in unsere Betrachtungen einführen, den der Viskosität. Nach der Definition der Flüssigkeit ist eine vollkommene Flüssigkeit ein Körper, der jeder kleinsten formändernden Kraft nachgibt, wenn mit der Formänderung keine Volumänderung verbunden ist. Die Flüssigkeiten der Natur verhalten sich in der Ruhe wie vollkommene Flüssigkeiten, nicht aber in der Bewegung, wenn bei dieser Verschiebung der Flüssigkeitsteilchen zueinander stattfindet. Die Flüssigkeiten zeigen Viskosität oder innere Reibung.

Wasser hat eine bestimmte Viskosität, die sich an der Ausflußzeit aus Kapillaren und mit ähnlichen Methoden messen läßt; seine Zähigkeit ist an jeder Stelle der Flüssigkeitsmasse, sei es an der Oberfläche, sei es im Innern derselben, gleich. Angenommen, wir setzen dem Wasser einen oberflächenaktiven Körper zu, der die Viskositätsverhältnisse nicht ändert, so wird auch die neue Oberfläche, die durch seine Anreicherung an der Grenzfläche entsteht, dieselbe Zähigkeit besitzen wie das reine Wasser selbst. Erhöht dagegen der gelöste, an der Oberfläche adsorbierbare Stoff die innere Reibung, so kann durch seine Anreicherung an der Oberfläche eine Oberflächenhaut entstehen, die eine bedeutende Zähigkeit besitzt, und die demgemäß fest und ziemlich schwer zerreißbar ist. Stoffe, die also imstande sind, Oberflächenhäute zu bilden, müssen sowohl die Oberflächenspannung erniedrigen, als auch die Viskosität erhöhen. Von den in physiologischen Flüssigkeiten vorkommenden Körpern sind es hauptsächlich die Eiweißstoffe und deren Abbauprodukte, wie die Albumosen, ferner Gelatine usw., die diese beiden Eigenschaften besitzen. Die Dicke der Schicht, die gerade noch ein festes Häutchen bildet, ist für Pepton zu 3 $\mu\mu$, für Albumin zu 3—7 $\mu\mu$ gemessen worden.

Auf derartiger Häutchenbildung beruht auch die Entstehung der Schäume, und daher geben auch die oben genannten Körper beim Schütteln mit Luft einen Schaum. Durch das Schütteln vergrößert man die Oberfläche und beschleunigt dadurch die Hautbildung. Auch der Bierschaum beruht auf diesen Eigenschaften der Stickstoffverbindungen.

Also nur solche Stoffe, die gleichzeitig die Oberflächenspannung vermindern und die Viskosität erhöhen, sind Schaumbildner. Stoffe dagegen, die die Oberflächenspannung zwar erniedrigen, aber gleichzeitig die Viskosität herabsetzen, geben nicht nur keine Schäume, sondern können auch schaumzerstörend wirken.

Es beruht nach dem Gesagten die Festigkeit einer Oberfläche nicht allein auf der Oberflächenspannung, sondern auch auf der Viskosität der Oberflächenschicht.

Adsorption oberflächeninaktiver Stoffe. Wir haben gesehen, daß die Adsorption im allgemeinen parallel mit der Oberflächenaktivität geht, und daß das Gibbssche Theorem alle diese Erscheinungen zusammenfaßt. Wir haben aber schon darauf hingewiesen, daß es viele Stoffe gibt, die, obgleich sie keine Oberflächenaktivität oder nur eine ganz geringe zeigen, trotzdem stark adsorbiert werden, wie die Zuckerarten und viele starke Elektrolyte, letztere besonders von festen Körpern. Es handelt sich um Adsorptionen, die nicht durch das Gibbssche Prinzip erklärt werden. Auch die Bildung der Oberflächenhäute beruht auf einer solchen Adsorption, da die Stoffe an der Oberfläche infolge der Hautbildung verändert werden, und so ihre ursprünglichen Eigenschaften sich ändern, was sich aus den folgenden Erörterungen ergeben wird.

Wir haben gezeigt, daß die Einwanderung eines positiv oberflächenaktiven Körpers so lange in die Oberfläche erfolgt, bis ein Gleichgewichtszustand eingetreten ist zwischen den osmotischen Kräften und dem Bestreben der weitmöglichsten Verkleinerung der Oberflächenenergie. Es handelt sich um einen umkehrbaren Prozeß; die Adsorption ist demnach reversibel. Man kann also einen normal adsorbierten Stoff wieder aus der Oberfläche auswaschen usw.

Die Adsorption oberflächeninaktiver Stoffe ist dagegen nicht oder nur wenig reversibel; so lösen sich Schäume nicht wieder vollkommen auf; auf festen Oberflächen adsorbiert, sind diese Stoffe nicht wieder mit Wasser abzuwaschen, trotzdem sie ursprünglich wasserlöslich waren.

Die Oberflächenaktivität als bewegendes Prinzip in Flüssigkeiten. Bei den Bewegungen in Flüssigkeiten auf Grund osmotischer Vorgänge hatten wir gesehen, daß die Bewegungen auf dem Ausgleich von Konzentrationsgefällen innerhalb der Flüssigkeitsmasse beruhen, und wir hatten bei den Betrachtungen des Kapitels I eine Beeinflussung dieser Vorgänge durch die an die Flüssigkeit angrenzenden Medien außer Betracht gelassen. Wie uns die Abschnitte dieses Kapitels gelehrt haben, spielt die Beschaffenheit der Grenzflächen und das Gibbssche Theorem eine außerordentliche, wenn nicht sogar größere Rolle als die osmotischen Vorgänge bei der Bewegung der Stoffe in Flüssigkeiten und damit auch bei der Nahrungsaufnahme in den Zellorganismus; denn man muß sich vorstellen, daß in allen lebenden Organismen, sei es Pflanze, sei es Tier, die Entwicklung der Oberflächen eine ungeheuere ist. Das Wachstum eines Organismus geschieht nicht durch einfache Vergrößerung, sondern durch immer erneute Teilung der Zellen. Es bilden sich immer neue Scheidewände, und meistens hält die Vermehrung der stofflichen Masse nicht Schritt mit der Vermehrung der Oberflächen.

Die Aufnahme eines Stoffes in eine Zelle geht stets durch eine Grenzfläche vor sich; denn die Zelle und die sie umgebende physiologische Flüssigkeit stellen zwei Phasen dar, und ihre Trennungsfläche (Oberflächenschicht der Flüssigkeit und Zellmembran) ist demnach eine Oberfläche.

Wir hatten in Kapitel I behandelt, wie ein Eindringen von Stoffen in die Zelle infolge Konzentrationsunterschieden zwischen der äußeren und inneren Flüssigkeit stattfinden muß.

Nach den Ausführungen des vorigen Abschnittes ist es klar, daß den Körpern auch nach dem Grade ihrer Oberflächenaktivität eine kleinere oder größere Möglichkeit des Eindringens gegeben ist. Ein oberflächenaktiver Stoff hat ein sehr starkes Bestreben, sich von seinem Lösungsmittel zu trennen; seine Moleküle sind also nur sehr wenig fest mit den Molekülen des Lösungsmittels verbunden. Sie haften wenig am Lösungsmittel. Ihr Haftdruck zum Lösungsmittel ist sehr gering im Gegensatz zu den oberflächeninaktiven Stoffen, deren Haftdruck zum Lösungsmittel sehr groß ist; denn die letzteren scheiden sich nicht von ihrem Lösungsmittel, und ihre Konzentration ist an der Oberfläche nicht größer.

Genau wie es einen Haftdruck eines Stoffes im Lösungsmittel gibt, so gibt es auch einen Haftdruck des Stoffes in bezug auf die Membranen. Da eine Zellmembran auf der nach der Nährflüssigkeit liegenden Seite und auf der Seite nach dem Zellinnern durchaus nicht von gleicher chemischer und physikalischer Beschaffenheit zu sein braucht, so muß der Haftdruck eines Stoffes auch nicht auf beiden Membranseiten gleich sein.

Auf Grund dieser Haftdrucktheorie, die sich aus den Anschauungen der Oberflächenaktivität und dem Gibbsschen Prinzip entwickelt, kann man folgende Leitsätze für die Geschwindigkeit, mit der ein diffundierender Stoff wandert, aufstellen. Dieselbe ist für einen Stoff um so größer, 1) je geringer sein Haftdruck in der Lösung ist, 2) je größer sein Haftdruck zu der der Lösung zugekehrten Seite der Membran ist, 3) je größer sein Haftdruck in bezug auf das an der anderen Seite der Membran befindliche Lösungsmittel ist, 4) je geringer die Gegenkraft an der anderen Seite ist, d. h. je größer die Oberflächenspannung der zweiten Flüssigkeit und je geringer der Haftdruck ihrer Bestandteile an der entsprechenden Membranseite ist.

Es ist also maßgebend die Differenz der Oberflächenspannungen zwischen Membran und Bestandteilen der Lösung.

Meist ist der Haftdruck eines Stoffes an der Membran um so größer, je geringer derselbe in der wässerigen Lösung ist.

Adsorption auf Grund elektromotorischer Kräfte. Wir hatten an anderer Stelle schon darauf hingewiesen, daß bei den Elektrolyten Oberflächenaktivität und Adsorption besonders an festen Körpern nicht parallel gehen, daß also scheinbar das Gibbssche Theorem durchbrochen ist. Wir hatten des ferneren die Regel aufgestellt, daß im allgemeinen die Adsorbierbarkeit eines Stoffes an Luft, wie man sie bei den gewöhnlichen Methoden der Oberflächenspannungsmessung feststellt, parallel ist der Adsorbierbarkeit an einem anderen Medium, so daß demnach das Adsorbens eine ganz untergeordnete Rolle spielt.

Es gibt nun aber eine große Zahl von Körpern, die von einem Medium adsorbiert werden, an dem anderen aber nicht, bei denen also die Beschaffenheit des adsorbierenden Körpers, des Adsorbens, eine ausschlaggebende Rolle spielt, Körper, die sich z. B. an der Grenzfläche Flüssigkeit-Luft ansammeln, die Oberflächenspannung des Wassers erniedrigen und auch an vielen anderen Grenzflächen mit festen Körpern adsorbiert werden, an anderen aber nicht. Es fragt sich, worauf diese scheinbare Durchbrechung des Gibbsschen Theorems zurückzuführen ist. Es handelt sich um elektrostatische Adsorption.

Lösungspotentiale. Zur Erklärung dieser Adsorption müssen wir zunächst erklären, wie überhaupt Spannungsdifferenzen an Grenzflächen auftreten können.

Bei der kurzen Angabe über die Methode zur Bestimmung der Wasserstoffionenkonzentration sind schon einmal Spannungsdifferenzen an Grenzflächen erwähnt, und es ist kurz auf ihre Entstehung eingegangen worden. Es handelte sich in den einleitenden Betrachtungen an dieser Stelle um metallische Grenzflächen gegen Wasser, und es zeigte sich, daß infolge des elektrolytischen Lösungsdruckes, der für jedes Metall eine konstante Größe ist, eine dauernde Abspaltung von positiven Metallionen stattfindet. Diese Abspaltung erfolgt so lange, bis der Entladungsdruck der in das Wasser gegangenen Metallionen gleich geworden ist dem Lösungsdruck. Der Entladungsdruck äußert sich bekanntlich darin, daß sich die positiven Metallionen auf der negativ geladenen Metalloberfläche niederschlagen wollen. Auf Metalloberflächen entsteht in Wasser ein Lösungspotential.

Ganz ähnlich, nur komplizierter ergeben sich die Verhältnisse bei der Lösung von Elektrolyten. Taucht ein Elektrolyt in seine gesättigte wässerige Lösung, so hat er auch seine Lösungstension, bzw. seine beiden Ionenarten und seine undissoziierten Moleküle haben jedes ihre eigene Tension. Es ergibt sich dann an der Grenzfläche fester Elektrolyt-gesättigte Lösung eine Potentialdifferenz, wenn die Lösungstension eines der beiden Ionen überwiegt, was meistens der Fall ist. Die Lösungstension der undissoziierten Moleküle kann keine Spannung an der Grenzfläche hervorrufen, da hierdurch mit gleichviel positiver und negativer Elektrizität geladene Teile den Elektrolyten verlassen. Eine Spannungsdifferenz an der Grenzfläche muß auftreten, wenn mehr Kationen als Anionen oder umgekehrt in die Lösung abgestoßen werden. Dieser Überschuß der einen Ionenart ist so gering, daß er analytisch nicht faßbar ist. Das Prinzip des Entstehens von Spannungsdifferenzen zwischen Elektrolyt und Flüssigkeit ist dasselbe wie zwischen Metall und Lösungsmittel.

Adsorptionspotentiale. Taucht ein fester Stoff in eine Elektrolytlösung, so ist die Möglichkeit gegeben, daß von ihm Anionen und Kationen des Elektrolyten verschieden stark adsorbiert werden. Es muß dann an der Grenzfläche zwischen Adsorbens und Lösung ein Potentialunterschied entstehen.

Verteilungspotentiale. Angenommen, über eine Elektrolytlösung werde eine andere nicht mit dieser mischbare Flüssigkeit geschichtet, für die die Löslichkeit der in der ersten Lösung befindlichen Ionen nicht gleich sei, so muß nach endgültiger Einstellung des Gleichgewichtszustandes eine Potentialdifferenz an der Grenzfläche auftreten.

VIII. Die Kolloide.

Disperse Systeme. (Mechanische Verteilungen, kolloide und molekulare Lösungen.)

Wir hatten im vorigen Kapitel den Begriff des homogenen und heterogenen Systems definiert und hatten als homogenes System ein solches bezeichnet, bei dem eine Unterteilung, die nicht bis zu molekularen Grenzen fortgesetzt wird, stets Teile ergibt, die untereinander verglichen die gleichen chemischen und physikalischen Eigenschaften haben. Eine weitere Unterteilung über die angegebenen Grenzen hinaus würde nicht mehr die aufgestellte Bedingung der Homogenität erfüllen, da die einzelnen Teile nicht mehr gleiche chemische und physikalische Eigenschaften hätten, so daß man bei diesem weiteren Grade der Unterteilung von dem ursprünglich homogenen System als heterogenem oder inhomogenem sprechen würde.

Angenommen, wir hätten eine Hefen- oder Bakterienaufschlemmung in Wasser, so würde diese nach unserer obigen Definition kein homogenes System sein, da schon eine Unterteilung, die nicht zu molekularen Grenzen fortgesetzt wird, eine Heterogenität wegen der mikroskopischen Größe der Hefen und Bakterien zeigt. Wir können aber auch dieses System sofort in ein homogenes verwandeln, wenn wir die willkürliche Annahme der Unterteilung bis zu molekularen Dimensionen etwas nach oben verschieben und als homogenes System ein solches definieren, bei dem die Unterteilung nicht unter die Größenordnung von Hefen oder Bakterien erfolgen darf.

Ob wir also ein System als homogen oder heterogen ansehen müssen, hängt von einer absolut willkürlichen Festsetzung ab und zeigt die außerordentliche Unvollkommenheit dieser Systemdefinition.

Da wir die willkürliche Annahme der Grenzstelle, an der ein homogenes System heterogen wird, bei jeder beliebigen Größenordnung einsetzen können, so ergibt sich damit die Tatsache, daß man jedes System als homogen oder heterogen bezeichnen kann. Es zeigt sich ferner, daß man nie sprungweise in der Größenordnung der Unterteilung verfahren kann, da in der Natur alle Zwischenstufen in der Verteilung eines Stoffes in einer Flüssigkeit von der relativ groben Verteilung, wie wir sie bei einer Hefen- oder Bakterienaufschlemmung sehen, bis zu den feinsten molekularen Verteilungen, wie wir sie in den Lösungen der Kristalloide vor uns haben, auftreten, und sich eine Größenordnung immer übergangsweise an die folgende anschließt.

Man bezeichnet nun gewöhnlich eine Aufschlemmung von Hefe in Wasser als eine Suspension oder grobe mechanische Zerteilung und die Lösung eines Kristalloids als eine molekulare Lösung. Nach dem eben Ausgeführten müssen vollkommen kontinuierliche Übergänge zwischen den Suspensionen und den molekularen Lösungen sein. Diesen Zwischenraum füllen die kolloiden Lösungen aus. Ist es möglich, eine Abgrenzung dieser drei Begriffe, der groben mechanischen Zerteilung oder Suspension, der kolloiden und der molekularen Lösung gegeneinander vorzunehmen, trotzdem eben betont worden ist, daß stets kontinuierliche Übergänge vorhanden sind?

Wir werden im folgenden sehen, daß auch hier die Abgrenzung

an willkürlichen Stellen vorgenommen wird, daß aber die Trennungslinien an Stellen gezogen werden, die sie aus praktischen Gründen besonders geeignet erscheinen lassen.

Bevor wir auf die vielen trennenden Faktoren zwischen mechanischen Zerteilungen, kolloiden und molekularen Lösungen eingehen, wollen wir zunächst auf das zu sprechen kommen, was allen drei Gebilden gemeinsam ist; denn nur auf dieser Grundlage ist die richtige Wahl der Trennungslinien möglich.

Nach Wo. Ostwald ändern sich in allen den genannten Gebilden die physikalischen und chemischen Eigenschaften periodisch im Raume.

Angenommen, man habe eine Hefensuspension in Wasser und lasse auf diese einen Lichtstrahl auffallen, so wird dieser bald eine suspendierte Hefenzelle, bald das die Zellen trennende Medium, nämlich das Wasser treffen. Könnte man an der Lichtbrechung oder irgendeiner anderen Eigenschaft das jedesmalige Auftreffen eines Lichtstrahles auf eine Zelle und auf das dazwischen liegende Wasser unterscheiden, so würde man feststellen, daß periodisch ein Hefenteilchen und das Medium getroffen würden, wobei je nach der Menge der aufgeschlemmten Hefe die Hefenperiode oder die Wasserperiode größer wäre. Es wechseln nun nicht nur periodisch im Raume die optischen, sondern auch sämtliche anderen chemischen und physikalischen Eigenschaften.

Ganz ähnlich liegen die Verhältnisse in einer molekularen Lösung. Auch hier würde ein auffallender Lichtstrahl periodisch auf Moleküle des gelösten Stoffes und Moleküle des Lösungsmittels treffen, so daß, da jeder Molekülart andere physikalische und chemische Eigenschaften zukommen, auch in molekularen Lösungen die chemischen und physikalischen Eigenschaften periodisch im Raume wechseln. Die Zahl der Perioden braucht natürlich nicht nur 2 zu sein, sondern kann, bei einem Elektrolyten allein schon durch die Anwesenheit der Ionen, eine große sein. Der Unterschied zwischen mechanischen Zerteilungen und molekularen Lösungen liegt nur in der Größenordnung der Perioden, indem bei einer molekularen Lösung in einem gegebenen Raume die periodischen Änderungen viel häufiger sein können als bei einer Suspension.

Da wir die kolloiden Lösungen oben zwischen die mechanischen Zerteilungen und die molekularen Lösungen gestellt haben, so gilt das Gesagte natürlich auch für sie.

Man bezeichnet nun die Eigentümlichkeit der Gebilde, periodisch ihre Eigenschaften im Raume zu ändern, als die disperse Struktur derselben, und nennt daher diese Systeme disperse Systeme.

Es sind also sowohl homogene als auch heterogene Systeme disperse Systeme. Wir müssen festzustellen suchen, wodurch sich die drei dispersen Systeme, grobe mechanische Zerteilungen, kolloide und molekulare Lösungen unterscheiden. Wie schon hingewiesen wurde, unterscheiden sie sich durch die Zahl, durch die Periodenzahl der periodischen Änderungen in einem gegebenen Einheitsvolumen, und zwar nimmt der Grad der Periodizität, der sogenannte Dispersitätsgrad, von den groben mechanischen Zerteilungen über die kolloiden zu den molekularen Lösungen zu.

Wir hätten also das Schema: Mechanische Zerteilungen gehören zu den grobdispersen Systemen, molekulare Lösungen zu den höchstdispersen, und die kolloiden Lösungen stehen zwischen beiden im Dispersitätsgrad.

Da es nun theoretisch vorstellbar ist, daß es disperse Systeme von jedem beliebigen Dispersitätsgrad gibt, und es demnach keine scharfen Grenzen zwischen grobdispersen und höchstdispersen und den dazwischen liegenden mitteldispersen Systemen geben kann, müssen wir jetzt geeignete, willkürliche Trennungslinien für die drei Systeme suchen. (Auch in der Natur kommen sämtliche Systeme von den verschiedensten Dispersitätsgraden vor.)

Die erste Grenze, nämlich die zwischen groben Zerteilungen und kolloiden Lösungen, liegt bei 0,1 $\mu = {}^1/_{10000}$ Millimeter Teilchengröße der zerteilten Materie oder dispersen Phase im Dispersionsmittel, d. h. dem Medium, in dem die disperse Phase zerteilt ist. Diesen Grenzwert hat man angenommen, weil bis zu dieser Größenordnung etwa nach der Theorie der mikroskopischen Abbildung eine solche möglich ist.

Die zweite Grenzlinie zwischen kolloiden und molekularen Lösungen zieht man bei 1 $\mu\mu = {}^1/_{1000000}$ Millimeter und zwar ebenfalls aus optischen Gründen, weil das Ultramikroskop Teilchen dieser Größenordnung noch gerade sichtbar macht.

grobe Dispersionen	—	Kolloide	—	molekulare Dispersionen
Teilchen größer als 0,1 μ		Teilchen zwischen 0,1 μ—1 $\mu\mu$		Teilchen kleiner als 1 $\mu\mu$

Bei den vorhergehenden Betrachtungen haben wir immer stillschweigend angenommen, daß die disperse Phase fest und das Dispersionsmittel flüssig ist. Das braucht durchaus nicht immer der Fall zu sein. Sowohl die disperse Phase, als auch das Dispersionsmittel können in jedem Aggregatzustand vorkommen, so daß im ganzen theoretisch dreimal drei Kombinationen möglich sind. Bezeichnen wir F = fest, Fl = flüssig und G = gasförmig, so würden, wenn wir die disperse Phase an erster und das Dispersionsmittel an zweiter Stelle schreiben, einige der neun Kombinationen folgende sein: F : Fl (Suspensoide); Fl : Fl (Emulsoide); G : Fl (Schäume); F : G (Rauch); Fl : G (Nebel, Wolken). Man muß hierbei bedenken, daß der Begriff des Aggregatzustandes sicher nicht über das ganze Gebiet der dispersen Systeme Gültigkeit hat, sondern daß man von einem Aggregatzustand nur bei den groben Suspensionen und den gröber dispersen kolloiden, aber sicher nicht bei den molekular-dispersen Systemen sprechen kann; denn der Begriff des Aggregatzustandes setzt immer eine ganze Zahl vereinigter Moleküle voraus. Den Begriff des Aggregatzustandes eines Moleküls kennt man nicht.

Filtration und Ultrafiltration disperser Systeme. Die meisten anorganischen Niederschläge, die man zu den groben Dispersionen rechnen muß, lassen sich durch Filter aus Filtrierpapier (eventuell gehärtet) abfiltrieren. Es liegt das daran, daß die Porengröße der engsten Papierfilter etwa 1 μ ist; daraus folgt, daß Kolloide und molekulare Dispersionen durch Papierfilter hindurchgehen.

Es ist nun gelungen, sogenannte Ultrafilter (z. B. Eisessigkollodiummembranen) herzustellen, deren Porengröße so eng ist, daß sie auch kolloide Teilchen zurückhalten und nur molekulare Dispersionen passieren lassen. Die Filtration geschieht durch diese Membranen in besonderen Ultrafiltrationsapparaten unter Druck.

Diffusion disperser Systeme. Wie wir schon im ersten Kapitel auseinandergesetzt haben, hängt die Dialysierbarkeit eines Stoffes durch eine Membran sowohl von der Porengröße der letzteren, als auch von der Teilchengröße der dialysierenden Substanz ab. Im allgemeinen sind nun pflanzliche und tierische Membranen für molekulardisperse Systeme durchlässig, dagegen nicht für Kolloide und auch natürlich nicht für grobe Dispersionen, so daß sich der Begriff herausgebildet hat, Kolloide dialysieren nicht, und molekulare Lösungen dialysieren. An und für sich gibt es alle Übergangsstufen.

Da nach van 't Hoff die treibende Kraft der Diffusion der osmotische Druck ist, und da nach dem van 't Hoffschen Gesetz dieser Druck proportional der in der Volumeinheit gelösten Molekülzahl ist, so muß mit zunehmender Verkleinerung des

Dispersitätsgrades die treibende Kraft der Diffusion abnehmen und damit auch die Diffusionsgeschwindigkeit der gelösten Stoffe. Also ebenfalls bei der freien Diffusion ohne Membranen muß die Diffusion der Kolloide sehr langsam vor sich gehen.

Das Tyndall-Phänomen und das Ultramikroskop. Während man die Dispersität der groben mechanischen Zerteilungen direkt unter dem Mikroskop beobachten kann — das Gesichtsfeld erscheint nicht homogen, sondern es zeigt sich eine geometrisch ähnliche Abbildung der Teilchen, die ja größer sind als eine Wellenlänge des Lichts —, sieht ein disperses System im kolloiden und molekulardispersen Gebiet vollständig homogen aus, als eine gleichmäßig leuchtende Fläche, in der irgendwelche Einzelheiten und Inhomogenitäten nicht zu unterscheiden sind.

Trotzdem ist es möglich, auch die Inhomogenität kolloider Lösungen dem Auge sichtbar zu machen auf Grund folgenden Prinzips.

Die Trübung eines dispersen Systems beruht darauf, daß disperse Phase und Dispersionsmittel einen verschiedenen Brechungsexponenten haben, und infolgedessen ein einfallender Lichtstrahl nicht ungehindert das Medium passieren kann, sondern seitlich gebrochen, gebeugt und polarisiert wird. Trübungen, die durch grobe Suspensionen hervorgerufen werden, also z. B. Hefentrübungen in einem Biere, sind sehr deutlich in die Augen fallend. Kolloide Lösungen zeigen diese Trübungen bei feinerer Beobachtung häufig auch noch, überhaupt wenn es sich um gröber disperse Kolloide handelt (Eiweißtrübungen des Bieres). Nähern sich aber die kolloiden Zerteilungen schon den molekularen Dispersionen, so wird selbst bei Beobachtung gegen einen schwarzen Hintergrund eine Trübung nicht mehr sichtbar (blank filtriertes Bier).

Aber auch diese feinsten Trübungen sind durch einen Kunstgriff noch sichtbar zu machen und zwar durch einseitige Beleuchtung. Bekannt ist das sogenannte Sonnenstäubchen-Phänomen. Wenn man in ein verdunkeltes Zimmer durch einen Spalt ein Sonnenstrahl-Bündel einfallen läßt, sieht man plötzlich in der ursprünglich bei diffusem Tageslicht homogenen Luft des Zimmers kleine helle Punkte aufleuchten, die Sonnenstäubchen; das sind Trübungen der Luft, deren Inhomogenität durch diese Methode dem Auge sichtbar gemacht wird.

Dieselbe Erscheinung tritt nun bei kolloiden Lösungen auf, wenn man einen seitlichen Lichtkegel durch eine solche scheinbar vollkommen klare homogene Lösung schickt. Man sieht dann deutlich den Lichtkegel bei seitlicher Betrachtung, gleichmäßig leuchtend ohne irgendwelche erkennbaren Einzelheiten. Die Lösung ist optisch aktiv. Läßt man diesen Kegel dagegen nicht durch eine kolloide Lösung, sondern durch reines Wasser, das frei von jeder Verunreinigung ist, fallen, so nimmt man den Lichtkegel von der Seite aus überhaupt nicht wahr; das Wasser ist optisch leer.

Betrachtet man diesen sogenannten Tyndall-Kegel nicht mit bloßem Auge, sondern durch ein starkes Mikroskop, so findet eine Auflösung desselben statt, und überall tauchen hell leuchtende Punkte auf, die kolloiden Teilchen, die auf diese Weise sichtbar werden. Damit ist optisch die Inhomogenität scheinbar absolut homogener, kolloider Lösungen bewiesen.

Eine geometrisch ähnliche Abbildung findet nicht mehr statt, da die kolloiden Teilchen von Dimensionen unter Lichtwellenlänge sind.

Auf Grund der Sichtbarmachung von Teilchen im Mikroskop und Ultramikroskop nennt man Partikelchen, die unterhalb der Auflösungsgrenze der Mikroskopobjektive liegen, ultramikroskopisch, gleichgültig, ob man sie im Ultramikroskop sichtbar machen kann oder nicht. Läßt sich das ultramikroskopische Teilchen sichtbar machen, heißt es submikroskopisch (Submikronen), liegt es außerhalb der Sichtbarmachungsgrenze, heißt es amikroskopisch (Amikronen). Die Amikronen machen sich meist noch durch eine diffuse Helligkeit unter dem Ultramikroskop bemerkbar.

Worauf schon früher hingewiesen wurde, hängt die Auflösung eines Ultrabildes in Submikronen nicht allein von der Größe der Teilchen ab, sondern auch von ihrer Eigenschaft einen anderen Brechungskoeffizienten zu haben, als das Dispersionsmittel, so daß im Ultramikroskop häufig verhältnismäßig große organische Komplexe, besonders Eiweißlösungen, nicht aufgelöst werden, während anorganische Submikronen von derselben Größenordnung mit stark vom Dispersionsmittel abweichendem Brechungsindex intensiv aufleuchten.

Brownsche Molekularbewegung. Einem jeden Mikroskopiker bekannt ist die Erscheinung, daß sich unter dem Mikroskop sehr kleine Teilchen zitternd, rotierend, anscheinend ganz regellos bewegen. Alle dispersen Systeme, bei denen die einzelnen Teilchen nicht größer wie 5 μ sind und das Dispersionsmittel nicht zäh, sondern leicht beweglich wie Wasser ist, zeigen diese Erscheinungen. Es handelt sich um die Brownsche Molekularbewegung, die nicht durch irgendwelche äußeren

Faktoren wie Wärme, Licht usw. beeinflußbar ist und die von ewiger Dauer ist.

Auch die Submikronen unter dem Ultramikroskop zeigen intensive Brownsche Molekularbewegung, von der man anzunehmen berechtigt ist, daß sie mit steigendem Dispersitätsgrad immer intensiver wird. Sie ist zurückzuführen auf den Anprall der Moleküle gegen die betreffenden sich bewegenden Teilchen; am schwächsten, durch gewöhnliche Beobachtung nicht mehr nachweisbar ist die Brownsche Bewegung bei den groben mechanischen Verteilungen, um von den kolloiden zu den molekularen Lösungen immer mehr zuzunehmen.

Die Einteilung der Kolloide. Nachdem wir in den vorigen Abschnitten die Kolloide als eine Unterabteilung der Gesamtheit der dispersen Systeme, von denen sie einen kleinen Abschnitt ausmachen, erkannt haben, wenden wir uns jetzt der kolloiden Zone der dispersen Systeme speziell zu.

In der Hauptsache handelt es sich in der Physiologie um zwei Möglichkeiten der kolloiden Systeme und zwar F : Fl = fest-flüssig und Fl : Fl = flüssig-flüssig. Das Dispersionsmittel ist stets eine Flüssigkeit, in der feste Partikelchen oder Flüssigkeitströpfchen als disperse Phase enthalten sind. Die ersteren nennt man Suspensionskolloide, Suspensoide, lyophobe und hydrophobe Kolloide, die letzteren Emulsionskolloide, Emulsoide, lyophile und hydrophile Kolloide.

Suspensoide und Emulsoide. Nachdem wir uns mit den Bezeichnungen vertraut gemacht haben, die für die kolloiden Systeme Gültigkeit haben, müssen wir zunächst festzustellen versuchen, auf welchen unterschiedlichen Eigenschaften der kolloiden Lösungen die Einteilung in Suspensoide und Emulsoide beruht.

Ein Suspensionskolloid befindet sich in dem Dispersionsmittel in ganz ähnlichem Zustande, wie z. B. in Wasser aufgeschlemmtes Kaolin, nur daß die Verteilung unendlich viel feiner ist. Es sind also stets scharfe Grenzen zwischen disperser Phase und Dispersionsmittel vorhanden. Es findet sich kein Dispersionsmittel in den Teilchen der dispersen Phase.

Anders liegt es bei den Emulsoiden, wie z. B. bei einer Eiweißlösung. Hier sind die Grenzen zwischen disperser Phase und Dispersionsmittel nicht sehr scharf. Das Dispersionsmittel ist in der dispersen Phase selbst verteilt, so daß die Grenzen beider allmählich ineinander übergehen. Bei Wasser als Dispersionsmittel spricht man daher in diesen

Fällen auch von hydratisierten Kolloiden, wobei alle Möglichkeiten des Hydratisierungsgrades vorstellbar sind.

Die Suspensoide sind im allgemeinen oberflächeninaktiv, sie werden durch Elektrolyte aus ihren Lösungen niedergeschlagen (koaguliert) und sind dann nicht wieder in Lösung zu bringen, so daß man sie auch irreversible Kolloide nennt.

Die Emulsoide sind oberflächenaktiv, wenig koagulierbar durch Elektrolyte und im Falle einer Fällung wieder lösbar beim Waschen mit dem Dispersionsmittel, so daß man sie auch reversible Kolloide nennt.

In der Physiologie spielen die Suspensoide z. B. As_2S_3, $Fe(OH)_3$, $Al(OH)_3$ und die Metalle selbst im kolloiden Zustand eine untergeordnete Rolle gegenüber den Emulsoiden (Eiweißstoffe und deren höhere Abbauprodukte, Dextrine, Gelatine usw.).

In den folgenden Abschnitten werden wir uns in der Hauptsache mit den Zustandsänderungen der Emulsoide befassen.

Koagulation und Peptisation. Wir haben gesehen, daß die kolloiden Systeme solche von einem ganz bestimmten Dispersitätsgrad vorstellen. Es kann der Dispersitätsgrad der Kolloide durch innere und äußere Einflüsse Veränderungen erleiden, die entweder in einer Vergröberung oder Verringerung der Teilchengröße bestehen.

Finden Dispersitätsverringerungen vom kolloiden Gebiet zu grobdispersen Systemen statt, so nennt man diesen Vorgang eine Gerinnung oder Koagulation, finden dagegen Dispersitätserhöhungen zu molekular-dispersen Systemen statt, so hat sich eine Peptisation abgespielt.

Da man häufig kolloide Lösungen auch als Sole bezeichnet und je nach dem Dispersionsmittel von Hydrosolen, Alkosolen usw. spricht, nennt man auch die Produkte, die durch Koagulation entstehen, dann Gele, also Hydrogele, Alkogele usw.

Die Oberflächenaktivität der Kolloide. Wie schon gesagt, besitzen bedeutende Oberflächenaktivität nur die Emulsionskolloide. Bei ihnen bestehen alle Übergänge von den höchstkapillaraktiven zu praktisch kapillarinaktiven Körpern. Die physiologischen Flüssigkeiten, also auch Würze und Bier, sind alle mehr oder weniger kapillaraktiv, in der Hauptsache wegen ihres Gehaltes an Stickstoffverbindungen. Die Eiweiße sind Kolloide typischster Art. Man kann eine fallende Reihe der Oberflächenaktivität von den Albumosen über die Peptone zu den Aminosäuren beobachten. Das hochmolekulare genuine Eiweiß wird im allgemeinen als fast inaktiv angesehen.

Die Oberflächenspannungswerte von Emulsoidlösungen sind sehr variabel, da der Zustand dieser Kolloide, wie wir im folgenden sehen werden, allen möglichen äußeren Einflüssen unterworfen ist und hierdurch verändert wird. Zustandsänderungen (Veränderung des Dispersitätsgrades, Veränderung der Form usw.) sind auch stets mit Oberflächenaktivitätsänderungen verbunden.

Außerordentliche Bedeutung gewinnt die Oberflächenaktivität der Emulsoide bei der Aufnahme derselben in die Zelle für die Ernährungsvorgänge. Erinnern wir uns an die früher entwickelten Anschauungen Traubes über den Zusammenhang zwischen diffundierenden Körpern und deren Oberflächenaktivität, so erkennt man die Vorzugsstellung der oberflächenaktiven Emulsoide beim Eindringen bzw. zunächst Anlagern an die Zellwand (s. S. 86).

Viskosität kolloider Lösungen. Auf die Viskosität oder innere Reibung sind wir schon einmal an früherer Stelle zu sprechen gekommen, und zwar bei der Bildung von Oberflächenhäutchen (Schaumbildung). Während die Suspensoide nur in geringfügigem Maße proportional der Konzentration die Viskosität ihres Dispersionsmittels verändern, liegen die Verhältnisse bei den Emulsoiden und besonders den hydratisierten anders.

Emulsoide, wie Gelatine z. B., zeigen schon in geringen Konzentrationen sehr hohe Viskositätswerte, die mit zunehmender Konzentration sehr stark ansteigen. Gelatine durchläuft in dem Konzentrationsbereich 0—2 % alle Viskositätswerte von dem des reinen Wassers bis zu einem unendlich großen, da die sich bildende Gallerte fest ist.

Die Viskosität suspensionskolloider Lösungen wird außer durch die Konzentration sehr stark beeinflußt durch die Temperatur, was sich aus der leichten Schmelzbarkeit eines festen Gelatinegels ergibt.

Aber auch schon mechanisches Schütteln, längeres Stehenlassen, Zusatz von Elektrolyten oder Nichtelektrolyten usw. erniedrigt oder erhöht die Viskosität.

Mit der Viskositätsveränderung verbunden ist auch hier wieder wie bei der Veränderung der Oberflächenspannung eine Veränderung des Dispersitätsgrades.

Die Gallerten und die Quellung. Wir haben eben die festgewordene Gelatinelösung mit dem unendlich großen Viskositätswerte mit dem Namen Gallerte bezeichnet. Ganz ähnliche Gallerten sind Stärkekleister, Agar-Agar, wie es für Nährböden benutzt wird, usw.

Im allgemeinen entsteht eine Gallerte, wenn man die konzentrierte heiße Lösung des betreffenden Kolloids abkühlen läßt, ein Vorgang, der reversibel ist; denn beim Erhitzen tritt wieder Verflüssigung ein. Als Beispiel sei die wiederholte Verflüssigung und Erstarrung von Gelatine- und Agar-Agar-Nährböden beim Sterilisieren angeführt. Die Gallerte kann auch aus dem trockenen Kolloid entstehen, wenn man es mit dem Dispersionsmittel anfeuchtet. Es tritt dann eine Erscheinung ein, die man mit Quellung bezeichnet. Die Quellung ist sehr schön zu beobachten beim Einlegen von Agar-Agar in Wasser oder beim Erhitzen einer Stärkesuspension in Wasser (Verkleisterung von Stärke). Auch der Quellungsprozeß ist reversibel. Die Gallerten sind anzusehen als konzentrierte kolloide Lösungen mit hoher Viskosität. Zu dem Entstehen von Gallerten durch Quellung sei noch hinzugefügt, daß jede Quellungserscheinung mit einer außerordentlichen Vermehrung des Volumens der quellenden Substanz verbunden ist. Bei dieser Ausdehnung werden häufig außerordentliche Drucke ausgeübt. Es soll noch später darauf zurückgekommen werden.

Kataphorese. Die meisten festen Stoffe, die in Wasser in Form einer gröberen Suspension verteilt sind, bewegen sich, wenn man in die Flüssigkeit zwei Elektroden bringt und einen Strom durch dieselbe schickt, die Lösung sich also in einem Potentialgefälle befindet, zur Anode oder Kathode. Die Bewegung der Teilchen im Potentialgefälle nennt man Kataphorese. Die meisten Stoffe bewegen sich zur Anode; sie müssen selbst also negativ geladen sein. Die ganze Erscheinung ist analog der Wanderung der Ionen im Potentialgefälle. — Stärkekörner in Wasser zeigen anodische Wanderung —. Die Wanderungsgeschwindigkeit der Teilchen ist unabhängig von ihrer Größe; sie werden alle annähernd gleich schnell kataphoretisch fortgeführt.

Woher die Ladung der Teilchen gegen das Dispersionsmittel herrühren kann, darüber ist ausführlich in Kapitel VII gesprochen worden.

Die Erscheinung der Kataphorese zeigen nun nicht nur die groben Suspensionen, sondern auch die kolloiden Lösungen. Es gehen gewisse Kolloide zur Anode, gewisse zur Kathode.

Biokolloide. Die weitere Besprechung der Zustandsänderungen der Emulsionskolloide werden wir gleichzeitig mit der Behandlung derjenigen Kolloide, die im Tier- und Pflanzenorganismus die größte Rolle spielen, nämlich der Biokolloide, durchführen.

Außer Wasser, den anorganischen Salzen und einigen wenigen organischen Körpern, z. B. Zucker, kommen im tierischen und pflanzlichen Organismus nur Kolloide vor, und diese überragen in ihrer Quantität ganz außerordentlich die Kristalloide, ausgenommen das Wasser. Die Kolloide sind die beständigen Teile im Organismus, während die Kristalloide die beweglichen sind, die überall hinwandern können. Da sie stets nur einem vorübergehenden Zweck dienen, ist ihre Menge im Organismus stets nur gering. So ist der Zucker in den Pflanzen nie das Endprodukt des Kohlehydrataufbaues, sondern stets die Stärke oder verwandte Körper.

Mit Hilfe von Enzymen kann die Pflanze sowie das Tier jederzeit nach Bedürfnis Kristalloide in Kolloide und umgekehrt verwandeln.

Bei den Kohlehydraten haben wir das eben gesehen. Ganz ähnlich ist es mit den Fetten. Sie treten selten in echter löslicher Form auf, sondern meistens als Emulsion.

Auch die Eiweißkörper treffen wir als kristalloide Spaltungsprodukte nur vorübergehend in keimenden Samen und in den Transportbahnen wie den Zucker. Sonst ist das Eiweiß stets kolloid.

Kohlehydrate. Die niederen Glieder dieser Gruppe, die wasserlöslichen Zuckerarten, sind kristalloid, die höheren Glieder, die Saccharokolloide, wie schon ihr Name sagt, kolloid.

Die wichtigsten Saccharokolloide sind die pflanzliche und tierische Stärke (Glykogen) und die Zellulose, dann folgen die Gummiarten und Pflanzenschleime. Die kolloiden Dextrine sind Spaltungsprodukte der Stärke.

Typisch für die Stärke ist ihre Quellungsfähigkeit in Wasser von höherer Temperatur und ihre dann einsetzende Verkleisterung, Hydratation.

Unter Einwirkung verdünnter Säuren oder diastatischer Fermente zerfällt die Stärke unter Wasseraufnahme stufenweise in Abbauprodukte: lösliche Stärke, Dextrine, Zucker.

Die Dextrine stehen an der Grenze zwischen Kolloiden und Kristalloiden.

Zu den Kohlehydraten gehören auch die Gummiarten, z. B. Gummiarabicum und Agar-Agar. Sie sind typische hydrophile Kolloide; sie quellen in Wasser und gehen allmählich in Sole über.

Das widerstandsfähigste Kohlehydrat ist die Zellulose, und deshalb dient es auch den Pflanzen als Gerüstsubstanz.

Lipoide. Unter Lipoiden faßt man die fettartigen Biokolloide zusammen, also Fette, Öle, Lezithine usw.

Eine natürliche Fettemulsion ist die Milch.

Auch Butter fällt hierher. In diesem Falle ist das Fett das Dispersionsmittel und die wässerige Lösung die disperse Phase; bei der Milch ist das umgekehrt.

Eiweißkörper. Unter Eiweißkörpern versteht man jene Gruppe von stickstoffhaltigen kolloiden Stoffen, die man auf physiologischem Gebiet als Hauptvertreter der hydrophilen Kolloide ansprechen muß. Sie sind sowohl reversibel als auch irreversibel.

Einfluß von Säure oder Lauge auf neutrales oder amphoteres Eiweiß. Unter neutralem Eiweiß versteht man ein durch Dialyse annähernd elektrolytfrei gemachtes Eiweißhydrosol. Im Potentialgefälle verhält sich dieses Eiweiß wie ein amphoterer Elektrolyt, dessen Säuredissoziationskonstante etwas größer ist als die Basendissoziationskonstante, so daß etwas mehr Teilchen zum positiven als zum negativen Pol wandern.

Setzt man zu dieser Lösung Säure oder Lauge, dann ladet sich das Eiweiß positiv bzw. negativ auf. Zum Teil dürfte es sich dabei um Adsorptionspotentiale handeln durch die Vermehrung der H- bzw. OH-Ionen in der Lösung bzw. um eine Verschiebung der amphoteren Dissoziation. Es ist übrigens eine ziemlich allgemeine Erscheinung, daß kolloide Teilchen durch Säuren positiv und durch Basen negativ geladen werden, und zwar häufig schon von geringen Mengen.

Eiweißkoagulation. Bekannt ist die Hitzekoagulation der Eiweißstoffe, wie man sie auch beim Kochen der Würze im Schaugläschen beobachtet. Entweder scheidet sich aus der ursprünglich klaren Eiweißlösung das Eiweiß als weiße, sichtbare Flockung beim Kochen aus, oder es kommt nicht zur Ausscheidung, sondern bleibt kolloid gelöst. Es hat aber dann andere Eigenschaften als vorher. Es ist eine Denaturierung des Eiweißes durch die Hitze erfolgt. Es handelt sich also bei der Koagulation, worauf schon früher hingewiesen wurde, um Dispersitätsvergröberungen, die im ersten Falle bis zu makroskopischen, im zweiten Falle zu mikroskopischen Dimensionen geführt haben.

Bei einem hydratisierten Emulsoid, wie den Eiweißstoffen, spielt sich die Koagulation wahrscheinlich in zwei Phasen ab. Es erfolgt zunächst eine Dehydratisierung, die auch zunächst eine Dispersitätserhöhung herbeiführen würde, und dann eine Anlagerung mehrerer Teilchen zu grobdispersen Komplexen.

Außer der Hitzekoagulation ist genau untersucht die Elektrolytkoagulation, die häufig die Hitzekoagulation bedeutend unterstützt. Auf der Elektrolytfällung beruht das Aussalzen von

Eiweiß aus seinen Lösungen. Es sei bemerkt, daß, während die hydratisierten Emulsoide sehr große Salzmengen zu ihrer Koagulation benötigen, die Suspensoide außerordentlich elektrolytempfindlich sind. Die großen Salzmengen wirken wahrscheinlich dehydratisierend durch Wasserentziehung und leiten dadurch die erste Phase der Koagulation der hydratisierten Emulsoide ein. Der weitere Vorgang ist dann wahrscheinlich eine elektrische Koagulation, wie sie sich hauptsächlich bei der Koagulation von Suspensoiden durch Elektrolyte abspielt, was daran erkenntlich ist, daß sich besonders entgegengesetzt geladene disperse Teilchen fällen.

Es hat sich herausgestellt, daß bei der Elektrolytkoagulation der Suspensoide die Koagulation am vollständigsten und schnellsten vor sich geht im isoelektrischen Punkt, d. h. also, wenn die kolloiden Teilchen keine Ladung mehr zeigen, und kataphoretisch nach der Anode und Kathode gleiche Wanderung erfolgt. Bei den Emulsoiden fällt isoelektrischer Punkt und maximale Instabilität nicht immer zusammen.

Schutzkolloide. Interessant ist, daß die Elektrolytkoagulation von Suspensoiden, die, wie schon betont, durch sehr kleine Mengen von Elektrolyten gefällt werden, sehr häufig durch die gleichzeitige Anwesenheit von hydratisierten Kolloiden verhindert wird. Man kann sich das so erklären, daß das flüssige oder halbflüssige Emulsoidteilchen, das feste Suspensoidteilchen umhüllt und somit in der kolloiden Lösung ihrem Charakter nach nur Emulsoidpartikelchen herumschwimmen, die bekanntlich bedeutend stabiler gegen Elektrolyte sind. Gerade die Eiweißabbauprodukte wirken außerordentlich schützend. Chemische Reaktionen spielen bei der Schutzwirkung keine Rolle.

Auf dieser Tatsache der Schutzwirkung beruht die Charakterisierung von Emulsoiden mit Hilfe der Goldzahl nach Zsigmondy und der Eisenzahl nach Freundlich, Windisch und Bermann, indem man feststellt, wieviel des betreffenden Schutzkolloids notwendig ist, um die Fällung eines Goldsols oder Eisenhydroxydsols durch eine bestimmte Menge Kochsalz als Koagulator zu verhindern.

Eiweißpeptisation. Die Peptisation, bekanntlich die Umkehrung der Koagulation, kann genau wie die letztere auf mannigfache Weise herbeigeführt und so auch vielseitig erklärt werden.

Der einfachste Fall der Peptisation ist der, wo durch Wiederherstellung des Zustandes vor der Koagulation wieder eine Zerteilung eintritt, also der bekannte Fall des reversiblen Kolloids.

In der Tat löst sich häufig ein Teil des koagulierten Eiweißes einer physiologischen Flüssigkeit beim Abkühlen wieder auf.

Auch durch Elektrolytzusätze erfolgt bei bestimmten Konzentrationsverhältnissen häufig wieder eine Lösung des Eiweißgels. Allerdings ist hierzu im Gegensatz zu der gewöhnlichen Reversion zu bemerken, daß das wiedergelöste Kolloid nicht mehr chemisch derselbe Körper ist, der er vor der Koagulation war.

Das Plasmaeiweiß. Nachdem wir einen kleinen Überblick über die Zustandsänderungen, besonders der hydratisierten Emulsoide, wie z. B. der Eiweißstoffe, erhalten und einige Faktoren, die Zustandsänderungen kolloider Lösungen bewirken, kennengelernt haben, wollen wir die gesammelten Erfahrungen noch kurz auf den Träger des Lebens in der Zelle, das Plasmaeiweiß, anwenden.

Da das Eiweiß, wie eben besprochen worden ist, die Eigenschaften eines hydratisierten Emulsoids hat, so kommen damit auch dem Plasmaeiweiß diese Eigenschaften zu. Es kann je nach der Konzentration im Zellinnern, wie wir das bei Gelatinelösungen und Gallerten gesehen haben, in bezug auf den Aggregatzustand alle Werte von dem einer tropfbaren Flüssigkeit bis zu dem eines festen Körpers und damit auch alle Viskositätswerte durchlaufen. Es vereinigt in sich wie eine Gallerte die Eigenschaften fester und flüssiger Körper.

Das Plasmaeiweiß zeigt Strömungserscheinungen wie eine Flüssigkeit und andererseits wieder Formelastizität in gewissem Sinne wie ein fester Körper, und diese letztere Eigenschaft trotz eines Wassergehaltes von meistens mehr als 50%, was typisch für die Gallerten ist.

Die Kolloidnatur des Plasmas ist auch von höchster Wichtigkeit für die sich im Innern einer Zelle abspielenden chemischen Prozesse. Wir wissen aus früheren Ausführungen, daß sich in einem Zellorganismus die allerverschiedensten, teilweise entgegengesetzten chemischen Reaktionen abspielen müssen, Oxydations- und Reduktionsvorgänge, Aufbau- und Abbauprozesse. Wäre das Plasma eine molekulardisperse Lösung aller möglichen Stoffe, so wäre das gar nicht in dieser Weise möglich, da dann entgegengesetzte Reaktionen sich nicht in demselben Medium abspielen könnten; kolloide Stoffe dagegen vermischen sich nicht vollständig, selbst im gleichen Dispersionsmittel, so daß hier Reaktionen getrennt nebeneinander verlaufen können.

Sachverzeichnis.

Ernst Schmidt, Anleitung zur qualitativen Analyse. Herausgegeben und bearbeitet von Dr. **J. Gadamer,** o. Professor der pharmazeutischen Chemie, Direktor des Pharmazeutisch-chemischen Instituts der Universität Marburg. Neunte, verbesserte Auflage. 1922.   GZ. 2,5

Der Gang der qualitativen Analyse. Für Chemiker und Pharmazeuten bearbeitet von Dr. **Ferdinand Henrich,** Professor an der Universität Erlangen. Mit 4 Textfiguren. 1919.   GZ. 1,2

Qualitative Analyse auf präparativer Grundlage. Von Professor Dr. **W. Strecker** in Greifswald. Mit 16 Textfiguren. 1913.

GZ. 5; gebunden GZ. 5,6

Praktikum der quantitativen anorganischen Analyse. Von **Alfred Stock** und **Arthur Stähler.** Dritte, durchgesehene Auflage. Mit 36 Textfiguren. 1920.   GZ. 3,5

Einführung in die Chemie. Ein Lehr- und Experimentierbuch. Von **Rudolf Ochs.** Zweite, vermehrte und verbesserte Auflage. Mit 244 Textfiguren und 1 Spektraltafel. 1921.   Gebunden GZ. 10

Einführung in die Mathematik für Biologen und Chemiker. Von Dr. **Leonor Michaelis,** a. o. Professor an der Universität Berlin. Zweite, erweiterte und verbesserte Auflage. Mit 117 Textabbildungen. 1922.   GZ. 9

Einführung in die Mikroskopie. Von Professor Dr. **P. Mayer** in Jena. Zweite, verbesserte Auflage. Mit 30 Textabbildungen. 1922.   GZ. 4